数值分析中的常用算法与编程实现

令 锋 编著

科 学 出 版 社
北 京

内 容 简 介

本书阐述现代科学与工程计算中各种常用算法的基础知识与编程实现方法，内容包括设计数值算法的原则、非线性方程的数值解法、线性方程组的直接法与迭代法、函数插值法与最小二乘拟合法、数值积分法与数值微分法、常微分方程初值问题的数值解法、矩阵特征值与特征向量计算的数值方法等. 每章首先阐述基础知识要点，其次给出相应算法的详细描述，然后通过例题给出实现算法的完整程序与运行结果，最后在结尾部分针对介绍的算法配备了丰富的编程计算习题. 附录中给出了全部习题的参考答案.

本书注重实用性，强调设计数值算法的思想和实现算法的技能，力图为读者编程实现各种算法提供指导和范例. 本书可供运用科学计算方法分析和解决实际问题的各领域科技工作者作为参考资料，也可供理工科各专业本科生和研究生作为学习“数值分析”或“计算方法”课程的复习与数值实验指导书.

图书在版编目（CIP）数据

数值分析中的常用算法与编程实现 / 令锋编著. —北京：科学出版社，2023.3

ISBN 978-7-03-075132-4

Ⅰ. ①数…　Ⅱ. ①令…　Ⅲ. ①数值计算-程序设计　Ⅳ. ①O241

中国国家版本馆 CIP 数据核字（2023）第 044582 号

责任编辑：李静科　贾晓瑞 / 责任校对：彭珍珍

责任印制：赵　博 / 封面设计：无极书装

科 学 出 版 社 出版

北京东黄城根北街 16 号

邮政编码：100717

http：// www.sciencep.com

北京市金木堂数码科技有限公司印刷

科学出版社发行　各地新华书店经销

*

2023 年 3 月第　一　版　开本：720×1000　B5

2024 年 1 月第二次印刷　印张：12 1/4

字数：241 000

定价：88.00 元

（如有印装质量问题，我社负责调换）

前　言

科学计算指运用计算机求得各类数学问题的数值解的过程，具有工具性、方法性以及边缘交叉性. 科学计算与各类具体学科结合，已形成了许多计算性科学分支，诸如计算物理学、计算流体力学、计算土力学、计算化学、计算传热学、计算生物学、大气动力学、理论生态学、计量经济学等. 伴随着电子计算机软件硬件技术和计算方法的不断改进，科学计算作为与实验测定和理论分析两种方法同等重要的第三种科学研究方法，在科学、工程、技术、管理和经济等诸多领域的量化分析与研究中得到了前所未有的广泛应用，发挥着极其重要的作用.

“数值分析”作为介绍科学计算基础理论与基本方法的课程，是理、工、农、经济、军事以及管理等众多学科各专业本科生和研究生的必修课，这一课程既具有数学类课程理论抽象且严谨的特点，又具有程序设计与算法语言课程技术性强和应用性广的特点，因而学好本课程不仅要理解算法的思想，更重要的是能够编程实现算法，运用科学计算方法解决实际问题. 但对于许多正在学习或已经学过“数值分析”课程的本科生、研究生和科技工作者，从理解算法到能够编程实现算法并获得正确结果，其间还存在较大困难. 编写本书的目的就在于帮助读者掌握数值分析中常用算法的思想与编程实现技能，提高运用科学计算方法解决实际问题的能力. 本书具有如下特色：

（1）内容完整. 涵盖了现代数值分析中各种常用的算法，阐述了每个算法的原理和思想等知识要点.

（2）详述了各个算法的编程实现步骤. 给出了每种算法详细的算法描述，为读者以自己熟悉的高级语言编程实现算法提供了基础.

（3）给出了实现各个算法的完整程序. 通过说明性例题给出了编程实现每个算法的完整程序与运行结果，并在程序中给出了详细的注释，为读者理解算法和编程实现算法提供了提示与范例.

（4）配备了富有启发性的编程计算习题. 在每章最后部分，针对所介绍的各种算法配备了精心设计或选编的编程计算习题，并在附录中给出了参考答案，便于读者通过正确地完成习题巩固所学知识，进而举一反三，能够根据实际问题选用或设计有效的求解程序.

（5）程序的可移植性好. 本书中刻意避免在各程序中使用 Matlab 特有的高质

量数值计算功能和高效的编程语句，尽量采用各种高级语言共有的函数、语句和运算，以便读者能够根据书中的算法描述和提供的程序，采用自己熟悉的高级语言编程实现各种算法.

（6）强调数据文件操作的重要性. 鉴于数据文件操作在复杂的科学计算问题中发挥着重要作用，本书特意提供了若干应用数据文件操作的说明性算例程序，力图鼓励和引导读者在程序设计中能根据需要正确使用数据文件操作. 本书附录中还简单介绍了 Matlab 数据文件操作的基本方法.

需要特别指出，本书以编程实现算法为价值取向，所有说明性算例程序均已经过数值测试，但各个程序都以通俗易懂和获得正确结果为目标，并未刻意追求程序的简捷性与运行的高效率. 阅读本书需要读者具备基本的高等数学、线性代数、常微分方程以及概率论与数理统计知识，并已掌握了 Matlab 语言或其他高级算法语言程序设计方法.

在本书的构思与写作过程中，作者参阅了国内外的一些相关文献，在此谨向参考文献的作者致以诚挚的谢意. 本书的出版得到了国家自然科学基金项目（41271076）和广东省自然科学基金项目（2015A030313704）的资助，在此深表谢意. 同时，本书能得以顺利出版，离不开科学出版社的支持与帮助，特别是本书的责任编辑李静科副编审富有成效的工作，在此表示衷心感谢.

限于作者的学识与水平，书中可能存在疏漏和需要补充完善之处，恳请各位读者提出批评和指正.

令　锋

2022 年 11 月

目　录

第 1 章　设计数值算法应遵循的原则

数值算法是由各种基本运算和规定的运算顺序构成的、用于在计算机上求解特定问题的完整方案，简称为算法. 数值分析的基本任务就是构造求解各种数学问题的数值算法，分析算法的误差，研究算法的收敛性和数值稳定性，通过编程和上机实现算法求出问题的数值解，并将求得的结果与相应的理论结果或可能的实验结果作对比分析和图形展示，验证算法的有效性.

描述算法可用自然语言、流程图以及伪代码，其中伪代码用介于自然语言和计算机算法语言之间的文字和运算符描述算法思想和执行过程，不用图形符号，书写简单，修改方便，格式紧凑，且便于程序设计和实现. 因此，本书采用伪代码描述算法.

为控制数值计算过程中的误差传播和积累，确保计算结果满足精度要求，设计数值算法时必须遵循一定的基本原则，本章介绍五个重要的原则.

1.1　通过简化计算步骤尽量减少运算次数

1.1.1　知识要点

对于同一个计算问题，如果能减少运算次数，不但可节省计算时间，而且能减少舍入误差的积累. 因此，设计数值算法的一个重要原则就是通过简化计算步骤尽量减少运算次数.

例　分析计算如下多项式的值所需要的乘法与加法次数.

$$p(x)=a_nx^n+a_{n-1}x^{n-1}+\cdots+a_1x+a_0$$

解　若直接计算 a_kx^k $(k=0,1,\cdots,n)$，再逐项相加，则需要做的乘法的次数为

$$n+(n-1)+\cdots+2+1=\frac{n(n+1)}{2}$$

需要做的加法次数为 n 次.

若先将多项式改写为如下形式

$$p(x)=(\cdots((a_nx+a_{n-1})x+a_{n-2})x+\cdots+a_1)x+a_0$$

即构造秦九韶算法递推公式

$$\begin{cases} p_k = xp_{k-1} + a_{n-k}, & k=1,2,\cdots,n \\ p_0 = a_n \end{cases} \tag{1.1}$$

则需要做的乘法和加法次数都是 n 次.

1.1.2 算法描述

计算多项式 $p(x)$ 在点 x_0 处的值的秦九韶算法如下.

算法 1-1：秦九韶算法

1）输入多项式的次数 n.
2）按降幂顺序输入多项式各次项的系数.
3）输入点 x_0.
4）$p_0 = a_n$，$k = 0$.
5）如果 $k \leqslant n$，计算 $p_k = x_0 p_{k-1} + a_{n-k}$，转步骤 6)；否则，转步骤 7）.
6）$k = k+1$，转步骤 5）.
7）输出计算结果 $p_n(x_0)$.
8）结束.

1.1.3 编程实现举例

例 1-1　用秦九韶算法求多项式 $7x^5 - 3x^4 + 5x^2 + 11$ 在 $x_0 = 1.27$ 和 -1.34 两点的值.

解　Matlab 程序如下：

```
% **************************************************************
% 求多项式 p(x) 在点 x0 处的值的秦九韶算法程序 QinJsh.m
% ==============================================================
clear all;                          % 释放所有内存变量
clc;                                % 清屏幕
n=input('请输入多项式的次数 n=: ');
a=zeros(n+1,1);                     % 矩阵 a 用于存储多项式的 n+1 个系数
Answer=1;                           % 继续计算标识符
for k=n+1:-1:1;
    fprintf('请输入第%d 次项系数:',k-1);
    a(k)=input(' ');
end
while Answer==1
    x0=input('请输入点 x0 的值 x0=: ');
    p=a(n+1);
    for k=1:n
```

```
            p=p*x0+a(n+1-k);
        end
        fprintf('\n 多项式在点 %8.6f 处的值为 p(%f)= %f\n',x0,x0,p);
        Answer=input('是否继续计算多项式在其他点的值(数字 1--是，其他字符--
否)?');
    End
```

```
>> QinJsh↙
请输入多项式的次数 n=: 5
请输入第 5 次项系数: 7
请输入第 4 次项系数: -3
请输入第 3 次项系数: 0
请输入第 2 次项系数: 5
请输入第 1 次项系数: 0
请输入第 0 次项系数: 11
请输入点 x0 的值 x0=: 1.27
多项式在点 1.270000 处的值为 p(1.270000)= 34.387019
是否继续计算多项式在其他点的值(数字 1--是，其他值--否)?1
请输入点 x0 的值 x0=: -1.34
多项式在点 -1.340000 处的值为 p(-1.340000)= -19.937340
是否继续计算多项式在其他点的值(数字 1--是，其他值--否)? N
>>
```

1.2　避免两个很相近的近似值相减

1.2.1　知识要点

设 x^*和 y^*分别为精确值 x 和 y 的近似值，则 $z^*=x^*-y^*$是精确值 $z=x-y$ 的一个近似值，z^*的相对误差 $E_r(z)$ 满足

$$\begin{aligned}|E_r(z)|\approx\left|\frac{z^*-z}{z^*}\right|&\leqslant\left|\frac{x^*-x-y^*+y}{x^*-y^*}\right|\\&\leqslant\left|\frac{x^*}{x^*-y^*}\right|\cdot|E_r(x)|+\left|\frac{y^*}{x^*-y^*}\right|\cdot|E_r(y)|\end{aligned}\tag{1.2}$$

上式表明，如果 x^*和 y^*是两个很相近的近似值，则 $\left|x^*-y^*\right|$ 非常小，因而 z^*的相对误差可能会很大.

例　设 $x=1000$，取 4 位有效数字，仿机器计算 $\sqrt{x+1}-\sqrt{x}$ 的值.

解　直接计算得

$$\sqrt{x+1}-\sqrt{x}=\sqrt{1001}-\sqrt{1000}\approx31.64-31.62=0.02$$

若先对公式作恒等变形，然后再进行计算，则有

$$\sqrt{x+1}-\sqrt{x}=\frac{1}{\sqrt{x+1}+\sqrt{x}}=\frac{1}{\sqrt{1001}+\sqrt{1000}}\approx\frac{1}{31.64+31.62}\approx 0.01581$$

恒等变形后再计算的结果有 4 位有效数字，而直接计算只有 1 位有效数字，直接计算导致有效数字产生了严重损失. 因此，避免两个很相近的近似值相减是设计数值算法要遵循的重要原则. 当出现两个近似值相减的运算时，应利用恒等式或等价关系先对计算公式作变形，避免两个很相近的近似值的减法运算，然后再进行计算.

根据代数基本定理，实系数一元二次方程在复数域内一定存在两个根. 解实系数一元二次方程 $ax^2+bx+c=0\ (a\neq 0)$ 在复数域内的根时，根据求根公式，

当 $b^2-4ac>0$ 时，方程有两个实数根

$$x_1=\frac{-b+\sqrt{b^2-4ac}}{2a},\qquad x_2=\frac{-b-\sqrt{b^2-4ac}}{2a} \tag{1.3}$$

当 $b^2-4ac=0$ 时，方程有二重实根

$$x_1=x_2=-\frac{b}{2a} \tag{1.4}$$

当 $b^2-4ac<0$ 时，方程无实数根，但有一对共轭复根

$$x_1=-\frac{b}{2a}+\frac{\sqrt{4ac-b^2}}{2a}i,\qquad x_2=-\frac{b}{2a}-\frac{\sqrt{4ac-b^2}}{2a}i \tag{1.5}$$

从式（1.3）可以看到，求两个实数根的公式中，一定有一个要进行两数相减运算. 当 $b^2\gg 4|ac|$ 时，将出现两个很相近的近似值相减的情形. 为减少有效数字的损失，应先利用不含两个很相近的近似值相减的求根公式求出其中一个根，如 x_1，

$$x_1=\frac{-b-\text{sign}(b)\sqrt{b^2-4ac}}{2a}$$

其中符号函数 sign(b)表示取数 b 的符号，

$$\text{sign}(b)=\begin{cases}1, & b\geqslant 0\\ -1, & b<0\end{cases}$$

再根据一元二次方程根与系数的关系，求出方程的另一个根

$$x_2=\frac{c}{ax_1}$$

1.2.2　算法描述

在复数域内求一元二次方程的两个根的算法如下：

算法 1-2：求实系数一元二次方程在复数域内的根

1）输入方程的系数 a, b, c.

2）计算 $\Delta=\sqrt{b^2-4ac}$.

3）如果 $\Delta>0$，则计算 $x_1=\left(-b-\text{sign}(b)\sqrt{\Delta}\right)\big/(2a)$，$x_2=c/(ax_1)$，输出计算结果，转步骤 6）；否则，转步骤 4）.

4）如果 $\Delta=0$，则计算 $x_1=x_2=-b/(2a)$，输出计算结果，转步骤 6）；否则，转步骤 5）.

5）计算 $x_1=-b/(2a)+\sqrt{-\Delta}\big/(2a)i$，$x_2=-b/(2a)-\sqrt{-\Delta}\big/(2a)i$，输出计算结果.

6）结束.

1.2.3　编程实现举例

例 1-2　求实系数一元二次方程 $ax^2+bx+c=0\ (a\neq0)$ 在复数域内的两个根，要求精确到小数点后第 6 位，其中实系数 a, b 和 c 通过键盘输入.

解　Matlab 程序如下：

```
% ****************************************************************
% 求实系数一元二次方程在复数域内的两个根程序 QuadraticE.m
% ================================================================
clear all;                                % 释放所有内存变量
A=input('请输入方程的三个系数 a,b,c 组成的向量 [a,b,c]=:');
a=A(1); b=A(2); c=A(3);
Delta=b*b-4*a*c;
if Delta > 0                              % 方程有两个实根
    x1=(-b-sign(b)*sqrt(Delta))/(2*a);
    x2=c/(a*x1);
    fprintf('方程的两个根为: %8.6f       %8.6f\n',x1,x2);
elseif Delta==0                           % 方程有二重实根
    x1=-b/(2*a);
    x2=x1;
    fprintf('方程的两个根为: %8.6f       %8.6f\n',x1,x2);
else                                      % 方程有一对共轭复根
    xR=-b/(2*a);                          % 计算复根的实部
    xI=sqrt(-Delta)/(2*a);                % 计算复根的虚部
    fprintf('方程的两个根为: %8.6f + %8.6f i   %8.6f - %8.6f i\n',xR,
xI,xR,xI);
end
```

```
>> QuadraticE↙
请输入方程的三个系数 a,b,c 组成的向量[a,b,c]=:[1,-77,0.01]
方程的两个根为：-76.999870    -0.000130
>> QuadraticE↙
请输入方程的三个系数 a,b,c 组成的矩阵[a,b,c]=:[9,114,361]
方程的两个根为：-6.333333    -6.333333
>> QuadraticE↙
请输入方程的三个系数 a,b,c 组成的矩阵[a,b,c]=:[55,77,113]
方程的两个根为：-0.700000 + 1.250818 i    -0.700000 - 1.250818 i
>>
```

1.3 防止大数“吃掉”小数

1.3.1 知识要点

计算机进行算术运算时首先要对阶，将参与运算的两个数都写成绝对值小于 1 且阶码相同的数，然后再进行计算. 当两个量级相差很大的数相加时，由于计算机的字长固定，能表示的有效数字位数有限，绝对值很小的数可能会被大数“吃掉”，严重影响计算结果的可靠性. 例如，$x=6.78\times10^8+0.12$ 在计算机上将被记为

$$x=0.678\times10^9+0.00000000012\times10^9$$

若计算机只能表示 8 位小数，则计算结果为 $x=0.678\times10^9$，较小的数 0.12 被“吃掉”了. 因此，为提高计算精度，设计数值算法时要避免绝对值很小的数与大数直接相加，防止大数“吃掉”小数. 由此也可看到，在计算机上进行加法运算时，交换律与结合律可能并不成立.

设数 a 为一个很大的数，一批绝对值相对于数 a 很小的数 $b_i\ (i=1,2,\cdots,n)$ 存储于一个数据文件中，要计算和

$$S=a+\sum_{i=1}^{n}b_i \tag{1.6}$$

读入数据文件中各个绝对值相对很小的数后，为防止大数“吃掉”小数，应该先计算出 $\sum_{i=1}^{n}b_i$，再与 a 相加，不能按从左到右的顺序将很大的数与绝对值很小的数逐个相加.

1.3.2 算法描述

计算一个大数与存储于数据文件中的一批绝对值相对很小的数之和的算法如下：

算法 1-3：求一个大数与一批绝对值相对小的数之和算法

1）输入存储于数据文件中的数据的个数 n 和大数 a 的值.

2）打开数据文件，读入文件中的 n 个绝对值相对于数 a 很小的数 b_i $(i=1,2,\cdots,n)$.

3）关闭打开的数据文件.

4）首先计算和 $b=\sum_{i=1}^{n} b_i$，然后计算 $S=a+b$.

5）输出 S.

6）结束.

1.3.3　编程实现举例

例 1-3　数据文件 Data1_3.dat 中保存了如下 30 个位于区间(0, 1)的数:

0.2859	0.3941	0.5030	0.7220	0.3062	0.1122	0.4433	0.4668	0.0147	0.6641
0.7241	0.2816	0.2618	0.7085	0.7839	0.9862	0.4733	0.9028	0.4511	0.8045
0.5208	0.5692	0.4453	0.4435	0.3025	0.7595	0.5579	0.5962	0.9771	0.7037

计算 $S=1234567890.89+\sum_{i=1}^{30} b_i$.

解　Matlab 程序如下：

```
% ****************************************************************
% 求一个大数 a 与存储于数据文件中的一批绝对值相对小的数之和程序 Summation.m
% ================================================================
clear all; clc;
n=input('请输入存储于数据文件中的数据的个数 n=:');
a=1234567890.89;
S=0;
f1=fopen('Data1_3.dat','r');      % 打开当前文件夹中的数据文件供读入数据
for i=1:n
    b(i)=fscanf(f1,'%f',1);       % 逐个读取数据文件中的 30 个数
end
fclose(f1);                       % 关闭已打开的标识符为 f1 的数据文件
for i=1:n
    S=S+b(i);                     % 求从数据文件中读取的 n 个数之和
end
S=a+S;                            % 计算总和 S
fprintf('数%f 与数据文件中各数的总和 S= %f\n',a,S);
```

```
>> Summation↙
请输入存储于数据文件中的数据的个数 n=:30
数1234567890.890000与数据文件中各数的总和 S= 1234567907.055800
>>
```

评注　科学与工程计算中许多问题的解决都要涉及数据文件操作. 有关 Matlab 数据文件操作的基本方法，可参见附录 B.

1.4　避免除数绝对值过小的除法运算

1.4.1　知识要点

设 x^*和 y^*分别为精确值 x 和 y 的近似值，则 $z^*=\dfrac{x^*}{y^*}$ 是精确值 $z=\dfrac{x}{y}$ 的一个近似值，z^* 的绝对误差 $E_a(z)$ 满足

$$
\begin{aligned}
|E_a(z)|=|z^*-z|&=\left|\frac{(x^*-x)y^*+x^*(y-y^*)}{yy^*}\right|\leqslant\frac{|x^*-x||y^*|+|x^*||y-y^*|}{|yy^*|}\\
&\approx\frac{|x^*|\cdot|E_a(y)|+|y^*|\cdot|E_a(x)|}{(y^*)^2}
\end{aligned}
$$

上式表明，如果除数 y^*的绝对值非常小，则商的绝对误差可能非常大. 因此，避免绝对值过小的数作除数的除法是设计数值算法必须遵守的又一个原则.

例　取 4 位有效数字，用消元法仿机器实际计算求解如下线性方程组

$$
\begin{cases}
0.00001x_1+x_2=1\\
2x_1+x_2=2
\end{cases}
$$

解　在计算机上计算时首先要对阶，原方程组将化为

$$
\begin{cases}
0.1000\times10^{-4}\cdot x_1+0.1000\times10^1\cdot x_2=0.1000\times10^1\\
0.2000\times10^1\cdot x_1+0.1000\times10^1\cdot x_2=0.2000\times10^1
\end{cases}
\tag{1.7}
$$

用$-0.5\times0.1000\times10^{-4}$去除第一个方程各项，再加到第二个方程的各个对应项，可得

$$
\begin{cases}
0.1000\times10^{-4}\cdot x_1+0.1000\times10^1\cdot x_2=0.1000\times10^1\\
0.2000\times10^6\cdot x_2=0.2000\times10^6
\end{cases}
$$

由此解得

$$
\begin{cases}
x_1=0\\
x_2=1.0000
\end{cases}
$$

通过检验可知，上面的求解结果并不正确. 究其原因，是因为消元过程中进行了除数绝对值非常小的除法运算，导致商的绝对误差增大达数个量级，因而出现了错误结果. 如果消元时用方程组（1.7）的第二个方程消去第一个方程中含 x_1 的项，即用 -0.2000×10^6 去除第二个方程的各项再加到第一个方程的各个对应项，则避免了除数绝对值过小的除法运算，可得

$$\begin{cases} 0.1000\times10^1\cdot x_2=0.1000\times10^1 \\ 0.2000\times10^1\cdot x_1+0.1000\times10^1\cdot x_2=0.2000\times10^1 \end{cases}$$

由此可解得原方程组具有较高精度的近似解

$$\begin{cases} x_1=0.5000 \\ x_2=1.0000 \end{cases}$$

如果用消元法求解一般的二元一次方程组

$$\begin{cases} a_{11}x_1+a_{12}x_2=b_1 \\ a_{21}x_1+a_{22}x_2=b_2 \end{cases} \tag{1.8}$$

为避免进行除数绝对值过小的除法运算，消元时应先从 a_{11} 与 a_{12} 中选出绝对值较大者 a_{i1}（i=1 或 2），然后再消去另一个方程中含 x_1 的项.

1.4.2　算法描述

用消元法解一般的二元一次方程组的算法如下：

算法 1-4：用消元法求解二元一次方程组

1）输入方程组各个未知数系数及右端项 a_{11}，a_{12}，a_{21}，a_{22}，b_1，b_2.

2）如果 $|a_{11}|\geqslant|a_{21}|$，先由第 1 个方程消去第 2 个方程中的 x_1，然后求出 x_2，再将求出的 x_2 代入第 1 个方程，求出 x_1，转步骤 4)；否则，转步骤 3）.

3）先由第 2 个方程消去第 1 个方程中的 x_1，然后求出 x_2，再将求出的 x_2 代入第 2 个方程，求出 x_1.

4）输出 x_1 与 x_2.

5）结束.

1.4.3　编程实现举例

例 1-4　用消元法求解线性方程组，精确到小数点后 4 位.

$$\begin{cases} 0.00001x_1+x_2=1 \\ 2x_1+x_2=2 \end{cases}$$

解　Matlab 程序如下：

```
% ****************************************************************
% 用消元法求解二元一次方程组程序 Solve2u1o.m
% ================================================================
clear all; clc;
A=input('请输入方程组的增广矩阵组成的向量[a11,a12,b1,a21,a22,b2]=:');
a11=A(1); a12=A(2); b1=A(3);
a21=A(4); a22=A(5); b2=A(6);
if abs(a11)>= abs(a12)
   rk=a21/a11;
   a22=a22-rk*a12;                  % 求出消元后新的 a22
   b2=b2-rk*b1;                     % 求出消元后新的 b2
   x2=b2/a22;                       % 由第二个方程求出 x2
   x1=(b1-a12*x2)/a11;              % 由第一个方程求出 x1
else
   rk=a11/a21;
   a12=a12-rk*a22;                  % 求出消元后新的 a12
   b1=b1-rk*b2;                     % 求出消元后新的 b1
   x2=b1/a12;                       % 由第一个方程求出 x2
   x1=(b2-a22*x2)/a21;              % 由第二个方程求出 x1
end
fprintf('方程组的解为: x1=7.4%f    x2=7.4%f\n',x1,x2);
```

```
>> Solve2u1o↙
请输入方程组的增广矩阵组成的向量[a11,a12,b1,a21,a22,b2]=:[0.00001,1,1,2,1,2]
方程组的解为: x1= 0.5000        x2= 1.0000
>>
```

1.5　尽量采用数值稳定的算法

1.5.1　知识要点

如果一个算法在执行过程中舍入误差在一定条件下能够得到有效控制，即初始误差和计算过程中产生的误差不影响获得可靠的结果，则称这个算法是数值稳定的，否则，就称此算法是数值不稳定的. 数值不稳定的算法可能导致出现很大的误差甚至完全错误的计算结果，因此，在程序设计过程中，采用数值稳定的算法是设计数值算法必须遵从的原则.

例　若在 8 位十进制计算机上计算如下定积分

$$I_n = \int_0^1 x^n e^{x-1} dx，\quad n = 0,1,\cdots,20$$

解　利用分部积分公式可得

$$I_n = 1 - nI_{n-1}, \quad n = 1, 2, \cdots, 20 \tag{1.9}$$

直接计算可得 $I_0 = 1 - e^{-1} \approx 0.63212056$，据此可得正推公式如下

$$\begin{cases} I_0 \approx 0.63212056 \\ I_n = 1 - nI_{n-1}, \quad n = 1, 2, \cdots, 20 \end{cases} \tag{1.10}$$

另一方面，注意到对于任意 $x \in [0,1]$，有 $x_n / e \leqslant x^n e^{x-1} \leqslant x^n$，因而

$$\frac{e^{-1}}{n+1} < I_n < \frac{1}{n+1}$$

从而可得

$$I_n \approx \frac{1}{2}\left(\frac{e^{-1}}{n+1} + \frac{1}{n+1}\right) = \frac{1}{2}\left(\frac{1+e^{-1}}{n+1}\right) \tag{1.11}$$

取 $I_{20} \approx \frac{1}{2}\left(\frac{1+e^{-1}}{20+1}\right) \approx 0.03256856$，可得如下逆推公式

$$\begin{cases} I_{20} \approx 0.03256856 \\ I_{n-1} = \dfrac{1}{n}(1 - I_n), \quad n = 20, 19, \cdots, 1 \end{cases} \tag{1.12}$$

此外，当 $x \in [0, 1]$ 时，有 $x^n e^{x-1} \geqslant 0$，且 $I_n = \int_0^1 x^n e^{x-1} dx \leqslant \int_0^1 x^n dx = \frac{1}{n+1}$，结合递推公式（1.9）可得

$$\frac{1}{n+1} < I_{n-1} < \frac{1}{n}$$

从而可得

$$I_n \approx \frac{1}{2}\left(\frac{1}{n+1} + \frac{1}{n+2}\right) = \frac{2n+3}{2(n+1)(n+2)} \tag{1.13}$$

取初值 $I_{20} \approx \frac{2 \times 20 + 3}{2 \times 21 \times 22} \approx 0.04653680$，可得如下逆推公式

$$\begin{cases} I_{20} \approx 0.04653680 \\ I_{n-1} = \dfrac{1}{n}(1 - I_n), \quad n = 20, 19, \cdots, 1 \end{cases} \tag{1.14}$$

利用 Microsoft Excel，可求出三个递推公式的计算结果如表 1-1.

表 1–1　三个递推公式的计算结果

递推公式（1.10）的计算结果		递推公式（1.12）的计算结果		递推公式（1.14）的计算结果	
n	I_n	n	I_n	n	I_n
0	0.63212056	20	0.03256856	20	0.04653680
1	0.36787944	19	0.04837157	19	0.04767316

续表

递推公式（1.10）的计算结果		递推公式（1.12）的计算结果		递推公式（1.14）的计算结果	
n	I_n	n	I_n	n	I_n
2	0.26424112	18	0.050085711	18	0.05012247
3	0.20727664	17	0.05277302	17	0.05277097
4	0.17089344	16	0.05571923	16	0.05571935
5	0.14553280	15	0.05901755	15	0.05901754
6	0.12680320	14	0.06273216	14	0.06273216
7	0.11237760	13	0.06694770	13	0.06694770
8	0.10097920	12	0.07177325	12	0.07177325
9	0.09118720	11	0.07735223	11	0.07735223
10	0.08812800	10	0.08387711	10	0.08387711
11	0.03059200	9	0.09161229	9	0.09161229
12	0.63289603	8	0.10093197	8	0.10093197
13	−7.2276483	7	0.11238350	7	0.11238350
14	102.187077	6	0.12680236	6	0.12680236
15	−1531.8062	5	0.14553294	5	0.14553294
16	24509.898	4	0.17089341	4	0.17089341
17	−416667.27	3	0.20727665	3	0.20727665
18	7500011.91	2	0.26424112	2	0.26424112
19	−142500225	1	0.36787944	1	0.36787944
20	2850004507	0	0.63212056	0	0.63212056

从表 1-1 可以看到，理论上完全等价的递推公式，其数值计算结果可能会出现巨大差异. 递推公式（1.10）中初始值 I_0 有很高的精度，且公式没有截断误差，但从 I_{13} 开始，计算结果却有明显的错误. 递推公式（1.12）及（1.14）的初始值 I_{20} 虽然是精度不够高的估计值，但计算得到的 $I_{15}, I_{14}, \cdots, I_0$ 却有很高的精度. 出现上述现象的原因在于，正推公式是数值不稳定性的算法，而逆推公式是数值稳定的算法. 两个公式的数值稳定性可分析如下：

设 $\tilde{I}_i\ (i=1,2,\cdots,n)$ 为 I_i 的近似值，则由递推公式（1.9）可得

$$I_n - \tilde{I}_n = (-1)^n n!(I_0 - \tilde{I}_0) \tag{1.15}$$

$$I_0 - \tilde{I}_0 = (-1)^n \frac{1}{n!}(I_n - \tilde{I}_n) \tag{1.16}$$

式（1.15）表明，$\tilde{I}_0$ 的误差传播到 $\tilde{I}_n$ 时要增加 $(-1)^n n!$ 倍，因而正推公式（1.10）是数值不稳定的算法，当 n 充分大时，计算结果会严重失真. 式（1.16）表明，$\tilde{I}_n$ 的误差传播到 $\tilde{I}_0$ 时将减少为原来的 $n!$ 分之一，逆推公式（1.12）和（1.14）能有效地控制舍入误差，是数值稳定的算法. 因此，在数值计算中，设计的算法不仅在数学上要正确，还必须分析算法的数值稳定性，确保采用数值稳定的算法.

1.5.2　算法描述

利用逆推公式计算定积分的算法如下：

算法 1-5：利用逆推公式 $I_{n-1}=\dfrac{1}{n}(1-I_n)$ **计算定积分** $I_n=\int_0^1 x^n e^{x-1}dx\ (n=0,1,\cdots,N)$ **算法**

1）输入项数 n 的最大取值 N，计算初值 $I_N\approx(2N+3)/[2(N+1)(N+2)]$.

2）计算 $I_{n-1}=(1-I_n)/n\ \ (i=N,N-1,\cdots,1)$.

3）输出计算结果.

4）结束.

1.5.3　编程实现举例

例 1-5　分别取初值 $I_{30}\approx0.03175403$ 和 $I_{30}\approx0.0$，利用逆推公式

$$I_{n-1}=\frac{1}{n}(1-I_n),\quad n=30,29,\cdots,1$$

计算定积分 $I_n=\int_0^1 x^n e^{x-1}dx$，$n=0,1,\cdots,30$，要求精确到小数点后第 8 位，并输出两种初值下计算的值 I_{29}，I_{28}，$\cdots$，I_{23}.

解　Matlab 程序如下：

```
% ***************************************************************
% 利用逆推公式计算定积分程序 Integration.m
% ===============================================================
clear all; clc;
N1=30;
format long
I1(N1+1)=0.03175403;                    % 赋初值 1
I2(N1+1)=0.0;                           % 赋初值 2
for i=N1:-1:1                           % Matlab 中下标不能取 0
    I1(i)=(1-I1(i+1))/(i+1);            % 逐个计算 I1 的值
    I2(i)=(1-I2(i+1))/(i+1);            % 逐个计算 I2 的值
end
```

```
fprintf('初值为%10.8f 时计算的 I(29),I(28),...,I(23)依次为:\n',I1(N1+1));
for i=N1:-1:24
    fprintf('%12.8f',I1(i));
end
fprintf('\n初值为%10.8f 时计算的 I(29),I(28),...,I(23)依次为: \n',I2(N1+1));
for i=N1:-1:24
    fprintf('%12.8f',I2(i));
end
fprintf('\n');                               % 换行
```

```
>> Integration↙
初值为 0.03175403 时计算的 I(29),I(28),...,I(23)依次为:
 0.03123374  0.03229221  0.03336923  0.03452253  0.03575842  0.03708621
 0.03851655
初值为 0.00000000 时计算的 I(29),I(28),...,I(23)依次为:
 0.03225806  0.03225806  0.03337041  0.03452249  0.03575843  0.03708621
 0.03851655
>>
```

编程计算习题 1

1.1 已知 $x=\sqrt{z+1}-\sqrt{z}$，$y=\dfrac{1}{\sqrt{z+1}+\sqrt{z}}$，取 $z=1.0\times10^{16}$，计算 x 与 y 的值，并按科学计数形式输出计算结果.

1.2 分别取 c=13 和 43，求解一元二次方程

$$7x^2-28x+c=0$$

在复数域内的根，精确到小数点后第 6 位.

1.3 已知 $A=(3,0,-7,0,-4,9,7,-3,0,15)$ 是多项式 $p(x)$的各次项系数按降幂排列组成的向量，用秦九韶算法求 $p(x)$在点 $x_0=1.37659$ 处的值.

1.4 用消元法解线性方程组

$$\begin{cases}0.000001x_1+3.00x_2=2.00\\ 1.00x_1+2.00x_2=7.00\end{cases}$$

1.5 计算定积分 $I_n=\int_0^1\dfrac{x^n}{x+5}dx$，$n=0,1,\cdots,10$ 时可构造如下两种递推公式：

$$\begin{cases}I_0=\ln 6-\ln 5\approx 0.182322\\ I_n=\dfrac{1}{n}-5I_{n-1}，\quad n=0,1,\cdots,10\end{cases}\tag{A}$$

$$\begin{cases} I_{10} \approx \dfrac{1}{2}\left[\dfrac{1}{6\times(10+1)}+\dfrac{1}{5\times(10+1)}\right] \approx 0.016667 \\ I_{n-1} = \dfrac{1}{5}\left(\dfrac{1}{n}-I_n\right), \quad n=10,9,\cdots,1 \end{cases} \tag{B}$$

分别用正推公式（A）和逆推公式（B）计算$I_0, I_1, \cdots, I_{10}$，列出计算结果，分析计算结果的可靠性，并说明原因.

第 2 章　一元非线性方程的数值解法

根据闭区间上连续函数的介值性定理，如果函数 $f(x)$ 在区间$[a,b]$上连续，且 $f(a)$ 与 $f(b)$ 异号，则在区间(a,b)内至少存在一点ξ，使 $f(\xi)=0$，点ξ称为函数 $f(x)$ 的零点或方程 $f(x)=0$ 的根；区间$[a, b]$称为方程 $f(x)=0$ 的有根区间. 若方程 $f(x)=0$ 在区间$[a, b]$只有唯一的实根 x^*，则称区间$[a, b]$为方程 $f(x)=0$ 的隔根区间.

一元非线性方程 $f(x)=0$ 分为代数方程和超越方程两类. 求一元非线性方程在隔根区间$[a, b]$内满足精度要求的根是科学与工程计算中经常遇到的问题. 常用的求解方法包括对分区间法、不动点迭代法、Steffensen 加速法、Newton 迭代法以及割线法等.

2.1　对分区间法

2.1.1　知识要点

对分区间法又称为二分法，是选取非线性方程隔根区间的中点作为方程的近似解，通过中点将隔根区间逐次对分，直到获得满足精度要求的根的数值方法.

记$[a_0, b_0]$是方程 $f(x)=0$ 最初的隔根区间$[a, b]$，$[a_k, b_k]$是对$[a_0, b_0]$作第 k 次对分得到的区间，区间$[a_k, b_k]$的中点 $x_k=\dfrac{a_k+b_k}{2}$ 是方程的根 x^* 的近似值，则

$$\left|x_k-x^*\right|\leqslant\frac{b_k-a_k}{2}\leqslant\frac{b-a}{2^{k+1}} \tag{2.1}$$

对于给定的精度要求 $\varepsilon>0$，求解过程终止的条件为

$$\frac{b-a}{2^{k+1}}<\varepsilon \tag{2.2}$$

或者

$$\left|f(x_k)\right|<\varepsilon \tag{2.3}$$

式（2.2）也可用于估计求出方程满足精度要求的解需要的最少对分次数 k.

为防止编写的程序因出错而陷入死循环，编程实现对分区间法时通常需要预设一个大于最少对分次数 k 的正整数 N 作为最大对分次数，如果对分次数超过 N

时仍未求出方程的近似解，就停止求解. 实际计算时一般不必设法求出 N 的值，只需预估一个相对较大的数 N 即可，如取 N=2000.

2.1.2　算法描述

用对分区间法求非线性方程在隔根区间内的实根的算法如下：

算法 2-1：对分区间法

1）输入函数 $f(x)$和隔根区间的左右端点 a 和 b，设定计算精度要求 ε 及最大对分次数 N.

2）对分次数初值 k=1，若 $f(a)*f(b)>0$，输出出错提示信息，转步骤 6)；否则，转步骤 3）.

3）取方程的近似解 $p=(a+b)/2$，若 $|f(p)|<\varepsilon$ 或 $(b-a)/2<\varepsilon$，输出结果 p，转步骤 6)；否则，转步骤 4）.

4）对分次数 $k=k+1$，若 $f(a)*f(p)>0$，取 $a=p$；否则，取 $b=p$.

5）如果对分次数 $k\leqslant N$，转步骤 3)；否则，输出出错提示信息，转步骤 6）.

6）结束.

2.1.3　编程实现举例

例 2-1　用对分区间法求非线性方程 $f(x)=e^x+10x-2=0$ 在隔根区间[0, 1]的实根，要求误差不超过 0.0005.

解　Matlab 程序如下：

```
% ***************************************************************
% 用对分区间法求非线性方程在隔根区间内的实根程序 Bisection.m
% ===============================================================
clc; clear all;
funx=@(x) exp(x)+10*x-2;                  % 输入非线性方程 f(x)=0 中的函数 f(x)
a=0; b=1; epsilon=0.0005; N=2000;         % 输入区间端点，精度要求，最大对分次数
k=1;                                      % 对分次数初值取 1
fa=funx(a); fb=funx(b);
if fa*fb>0
    disp('方程在指定的区间内无根');
    return
else
    fprintf('  k          a(k)            b(k)           p');
    while  k<=N
        p=(a+b)/2; fp=funx(p);            % 求出区间中点 p 及中点的函数值 f(p)
```

```
            fprintf('\n %2d  %12.4f    %12.4f  %12.4f', k,a,b,p);
            if ((abs(fp)<epsilon) | (abs(b-a)/2 < epsilon))
                fprintf('\n 计算结果 x=%.4f, 共对分区间%d 次\n',p,k);
                return
            else
                k=k+1;                        % 开始进行下一次对分
                if fa*fp>0
                   a=p; fa=fp;
                else
                   b=p;
                end
            end
        end
        fprintf('\n\n%d 次对分后未达到精度要求. \n',N);
    end
```

```
>> Bisection↙
  k        a(k)          b(k)          p
  1       0.0000        1.0000        0.5000
  2       0.0000        0.5000        0.2500
  3       0.0000        0.2500        0.1250
  4       0.0000        0.1250        0.0625
  5       0.0625        0.1250        0.0938
  6       0.0625        0.0938        0.0781
  7       0.0781        0.0938        0.0859
  8       0.0859        0.0938        0.0898
  9       0.0898        0.0938        0.0918
 10       0.0898        0.0918        0.0908
 11       0.0898        0.0908        0.0903
 计算结果 x=0.0903, 共对分区间 11 次
```

2.2　不动点迭代法

2.2.1　知识要点

不动点迭代法首先通过恒等变形将非线性方程 $f(x)=0$ 化为与其等价的方程 $x=\varphi(x)$，然后取定初值 x_0，构造一个收敛的迭代公式

$$x_{k+1}=\varphi(x_k),\quad k=0,1,\cdots \tag{2.4}$$

最后迭代求出方程满足精度要求的根.

用迭代公式（2.4）求解非线性方程的方法称为不动点迭代法，其中 $\varphi(x)$ 称为

迭代函数，收敛点 x^* 满足 $x^* = \varphi(x^*)$，称为迭代函数 $\varphi(x)$ 的不动点. 不动点迭代法收敛的条件由以下定理给出.

收敛性基本定理　设迭代函数 $\varphi(x)$ 满足

（1）$\varphi(x)$ 在闭区间 $[a,b]$ 上连续，在开区间 (a,b) 内可导；

（2）映内性：当 $a \leqslant x \leqslant b$ 时，有 $a \leqslant \varphi(x) \leqslant b$；

（3）压缩性：存在压缩系数 $L(0<L<1)$，对任意的 $x \in (a,b)$，有

$$|\varphi'(x)| \leqslant L \tag{2.5}$$

则有如下结论：

（1）$\varphi(x)$ 在区间 $[a,b]$ 上存在唯一的不动点 x^*；

（2）对任意的初值 $x_0 \in [a,b]$，迭代公式（2.4）都收敛于点 x^*；

（3）迭代值有两个误差估计式

$$|x_k - x^*| \leqslant \frac{L}{1-L}|x_k - x_{k-1}| \tag{2.6}$$

$$|x_k - x^*| \leqslant \frac{L^k}{1-L}|x_1 - x_0| \tag{2.7}$$

收敛性基本定理又叫不动点定理或压缩映像原理，应用此定理时要注意：

（1）定理中的压缩性条件（2.5）可弱化为：存在压缩系数 $L(0<L<1)$，对任意的 $x,y \in [a,b]$，有

$$|\varphi(x) - \varphi(y)| \leqslant L$$

即不需要 $\varphi(x)$ 在区间 (a,b) 内可导.

（2）式（2.6）表明，对于给定的精度要求 $\varepsilon > 0$，迭代终止的条件为相邻两次迭代所得近似值满足

$$|x_k - x_{k-1}| < \varepsilon \tag{2.8}$$

（3）根据式（2.7），对于给定的精度要求 $\varepsilon > 0$，求出方程满足精度要求的解所需要的最少迭代次数 k 应满足下式

$$\frac{L^k}{1-L}|x_1 - x_0| < \varepsilon$$

与对分区间法相同，编程实现不动点迭代法时，也需要预设一个大于最少迭代次数的正整数 N 作为最大迭代次数，当迭代次数超过 N 时停止迭代求解.

2.2.2　算法描述

用不动点迭代法求非线性方程 $x = \varphi(x)$ 在点 x_0 附近的实根的算法如下：

算法 2-2：不动点迭代法

1）输入迭代函数 $\varphi(x)$ 和初值 x_0，设定精度 ε 及最大迭代次数 N.

2）取迭代次数初值 $k=1$.

3）如果 $k \leqslant N$，转步骤 4)；否则，输出出错提示信息，转步骤 7）.

4）计算 $x=\varphi(x_0)$，若 $|x-x_0|<\varepsilon$，输出计算结果 x，转步骤 7)；否则，转步骤 5）.

5）$k=k+1$，$x_0=x$.

6）转步骤 3）.

7）结束.

2.2.3 编程实现举例

例 2-2 取迭代函数为 $\varphi(x)=\frac{1}{2}\left(2+\sin x-x^2\right)$，误差限 $\varepsilon=0.00000005$，用不动点迭代法求非线性方程 $f(x)=(x+1)^2-\sin x-3=0$ 在点 $x_0=0.8$ 附近的实根，并统计迭代次数.

解 输入迭代函数 $\varphi(x)$ 的 Matlab 函数如下：

```
function y=fphix(x)
% FPHIX 迭代函数
% ================================================================
y=(2+sin(x)-x*x)/2;
```

Matlab 主程序如下：

```
% ****************************************************************
% 用不动点迭代法求解非线性方程程序 phix.m
% ================================================================
clc; clear all;
epsilon=0.00000005;                           % 精度要求
x0=input('请输入初值 x0=: ');
N=input('请输入最大迭代次数 N=: ');
k=1;
while k<=N
     x=fphix(x0);
     if abs(x-x0) < epsilon
        fprintf('经过%d次迭代,求得方程满足精度要求的解为 x=%8.8f\n',k,x);
        return
     else
```

```
        k=k+1;                                % 开始下一次迭代
  x0=x;
      end
  end
  fprintf('\n 经过 %d 次迭代后仍未求出满足精度要求的解.\n',N);
```

```
>> phix↙
请输入初值 x0=：0.8
请输入最大迭代次数 N=：20
经过 20 次迭代后仍未求出满足精度要求的解.
>>
>> phix↙
请输入初值 x0=：0.8
请输入最大迭代次数 N=：1000
经过 39 次迭代，求得方程满足精度要求的解为 x=  0.95328491
>>
```

评注　将特定的计算过程写成函数可提高程序的普适性和重用性，从而提高程序设计和运行的效率. 本例没有如例 2-1 那样直接设计程序求解方程，而是先建立一个用于输入非线性方程中的函数 $\varphi(x)$ 的函数文件，再设计程序调用函数文件并求解方程，其优点在于，通过修改函数文件中的函数表达式，便可用同一个程序求解不同的非线性方程.

2.3　Steffensen 加速法

2.3.1　知识要点

设点 x^* 为迭代函数 $\varphi(x)$ 的不动点，$\varphi'(x)$ 在点 x^* 的某个邻域内连续，且 $0<|\varphi'(x)|<1$，则可以证明，不动点迭代公式（2.4）仅为 1 阶收敛. 当 $|\varphi'(x)|=1$ 时或者局部线性收敛，或者不收敛；而当 $|\varphi'(x)|>1$ 时一定不收敛. 为改善不动点迭代法的收敛性，Steffensen 提出了如下当 $\varphi'(x^*)\neq 1$ 时的加速方案.

由点 x_0 出发构造迭代公式

$$\begin{cases} y_k=\varphi(x_k) \\ z_k=\varphi(y_k) \\ x_{k+1}=x_k-\dfrac{(y_k-x_k)^2}{z_k-2y_k+x_k} \end{cases} \quad (k=0,1,\cdots) \tag{2.9}$$

将上式改写为不动点迭代公式 $x_{k+1}=\Psi(x_k)$，则可得 Steffensen 迭代公式

$$x_{k+1}=x_k-\frac{[\varphi(x_k)-x_k]^2}{\varphi(\varphi(x_k))-2\varphi(x_k)+x_k} \tag{2.10}$$

其中迭代函数为

$$\Psi(x)=x-\frac{[\varphi(x)-x]^2}{\varphi(\varphi(x))-2\varphi(x)+x}$$

用 Steffensen 迭代公式求解非线性方程的方法称为 Steffensen 加速法. 可以证明，若 $\varphi'(x)$ 在 x^* 的邻域内存在且连续，只要 $\varphi'(x^*)\neq 1$，则无论公式 $x_{k+1}=\varphi(x_k)$ 线性收敛还是不收敛，由它构造的迭代公式（2.10）至少 2 阶收敛. 与不动点迭代法相比，Steffensen 加速法具有更好的收敛性，因而常被用于改善线性收敛或不收敛的迭代.

例如，如果要求方程 $f(x)=x^3-x-1=0$ 在隔根区间[1, 2]的实根，可以验证，不动点迭代公式 $x_{k+1}=\varphi(x_k)=x_k^3-1$ 不收敛，但用此迭代公式构造 Steffensen 迭代公式，不仅迭代收敛，而且可以快速求出方程的解.

2.3.2 算法描述

用 Steffensen 加速法求解方程 $x=\varphi(x)$ 在点 x_0 附近的实根的算法如下：

算法 2-3：Steffensen 加速法

1）输入迭代函数 $\varphi(x)$ 和初值 x_0，设定精度 ε 及最大迭代次数 N.

2）取迭代次数初值 $k=1$.

3）如果 $k\leqslant N$，转步骤 4）；否则，输出出错提示信息，转步骤 7）.

4）计算 $y=\varphi(x_0)$，$z=\varphi(y)$，$x=x_0-(y-x_0)^2/(z-2y+x_0)$.

5）若 $|x-x_0|<\varepsilon$，输出计算结果 x，转步骤 7）；否则，转步骤 6）.

6）$k=k+1$，$x_0=x$，转步骤 3）.

7）结束.

2.3.3 编程实现举例

例 2-3　取迭代函数为 $\varphi(x)=\frac{1}{2}\left(2+\sin x-x^2\right)$，误差限 $\varepsilon=0.00000005$，用 Steffensen 加速法求非线性方程 $f(x)=(x+1)^2-\sin x-3=0$ 在点 $x_0=0.8$ 附近的实根，并统计迭代次数.

解　通过调用例 2-2 中定义的函数 fphix 获得迭代函数. Matlab 主程序如下：

```
% ******************************************************************
% 用 Steffensen 加速法求解非线性方程程序 Steffensen.m
% ==================================================================
clear all; clc;
epsilon=0.00000005;
x0=input('请输入迭代初值 x0=: ');
N=2000;
k=1;
fprintf('次数 k       近似解 x(k)   ');
while k<=N
    y=fphix(x0); z=fphix(y);x=x0-(y-x0)^2/(z-2*y+x0);
                                % Steffensen 加速法
    fprintf('\n %2d             % 8.8f  ',k,x);
    if abs(x-x0) < epsilon
        fprintf('\n 经过%d 次迭代,求得方程满足精度要求的解为 x=%8.8f\n',k,x);
        return
    else
        k=k+1;
x0=x;
    end
end
fprintf('\n 经过 %d 次迭代后仍未求出满足精度要求的解.\n',N);
```

```
>> Steffensen↙
请输入初值 x0=: 0.8
次数 k     近似解 x(k)
  1        0.94761595
  2        0.95327592
  3        0.95328489
  4        0.95328489
经过 4 次迭代，求得方程满足精度要求的解为 x=0.95328489
>>
```

2.4　Newton 迭代法

2.4.1　知识要点

Newton 迭代法是将函数 $f(x)$ 在方程 $f(x)=0$ 的根 x^* 附近作线性展开构造的一种求解非线性方程的迭代法，其迭代公式为

$$x_{k+1}=x_k-\frac{f(x_k)}{f'(x_k)},\quad k=0,1,\cdots \tag{2.11}$$

Newton 迭代法在几何上表现为不断用过曲线 $y = f(x)$ 上点 $(x_k, f(x_k))$ 的切线与 x 轴交点的横坐标 x_{k+1} 逼近函数 $f(x)$ 的零点，因此，Newton 迭代法又称为切线法. Newton 迭代法是一种不动点迭代法，对于给定的精度要求 $\varepsilon > 0$，迭代终止条件为

$$|x_k - x_{k-1}| < \varepsilon \quad 或 \quad |f(x_k)| < \varepsilon$$

理论上已经证明，Newton 迭代公式（2.11）在单根附近至少是 2 阶局部收敛的，由于收敛速度快，因而是求解非线性方程常用的重要方法. 然而，Newton 迭代法以将函数 $f(x)$ 在 x^* 的邻域内线性化为基础，除假设 $f'(x_k) \neq 0$ 外，还要求迭代初值 x_0 要在方程的解 x^* 附近选取，否则，不能保证生成的迭代序列收敛.

为使迭代序列对任取的初值 x_0 都收敛，可引入适当的参数，将 Newton 迭代公式修改为如下形式

$$x_{k+1} = x_k - \lambda \frac{f(x_k)}{f'(x_k)}, \quad k = 0,1,\cdots \tag{2.12}$$

使得迭代过程满足单调性条件

$$|f(x_{k+1})| < |f(x_k)| \tag{2.13}$$

满足 $0 < \lambda \leqslant 1$ 的参数 λ 称为下山因子，式（2.13）称为下山条件. 用满足下山条件的迭代公式（2.12）求解非线性方程 $f(x) = 0$ 的方法称为 Newton 下山法. 求解方程时，从 $\lambda = 1$ 开始，逐次将 λ 减半，由公式（2.12）与（2.13）试算，直到下山条件成立为止，然后取回 $\lambda = 1$，开始下一次迭代.

对于选取的某些初值 x_0，用 Newton 迭代法求解时迭代可能不收敛，但用 Newton 下山法仍可求出方程的解，例 2-4 给出了相应的算例.

2.4.2　算法描述

用 Newton 迭代法求非线性方程在初值 x_0 附近的实根的算法如下：

算法 2-4：Newton 迭代法

1）输入函数 $f(x)$ 以及函数 $f'(x)$，输入初值 x_0.

2）设定精度要求 ε 及最大迭代次数 N，取迭代次数初值 $k = 1$.

3）计算 $f(x_0)$ 及 $f'(x_0)$.

4）如果迭代次数 $k \leqslant N$，转步骤 5)；否则，输出出错提示信息，转步骤 9).

5）如果 $f'(x_0) = 0$，输出出错提示信息，转步骤 9)；否则，计算 $x_1 = x_0 - f(x_0)/f'(x_0)$，然后计算 $f(x_1)$ 以及 $f'(x_1)$.

6）如果 $|x_1 - x_0| < \varepsilon$ 或 $|f(x_1)| < \varepsilon$，输出计算结果 x_1，转步骤 9)；否则，转

步骤 7）.

7）$k=k+1$，$x_0=x_1$，$f(x_0)=f(x_1)$，$f'(x_0)=f'(x_1)$.

8）转步骤 3）.

9）结束.

用 Newton 下山法求非线性方程在初值 x_0 附近的实根的算法如下：

算法 2-5：Newton 下山法

1）输入函数 $f(x)$ 以及函数 $f'(x)$，输入初值 x_0 及最大迭代次数 N.

2）设定精度要求 ε，取迭代次数初值 $k=1$，下山因子 $\lambda=1$.

3）计算 $f(x_0)$ 及 $f'(x_0)$.

4）如果迭代次数 $k \leqslant N$，转步骤 5)；否则，输出出错提示信息，转步骤 10）.

5）如果 $f'(x_0)=0$，输出出错提示信息，转步骤 10)；否则，计算 $x_1=x_0-\lambda f(x_0)/f'(x_0)$，$f(x_1)$ 以及 $f'(x_1)$.

6）如果 $|f(x_1)|>|f(x_0)|$，取 $\lambda=\lambda/2$，计算 $x_1=x_0-\lambda f(x_0)/f'(x_0)$，$f(x_1)$ 以及 $f'(x_1)$，转步骤 6)；否则，转步骤 7）.

7）如果 $|x_1-x_0|<\varepsilon$ 或 $|f(x_1)|<\varepsilon$，输出计算结果 x_1，转步骤 10)；否则，转步骤 8）.

8）$k=k+1$，$x_0=x_1$，$f(x_0)=f(x_1)$，$f'(x_0)=f'(x_1)$，$\lambda=1$.

9）转步骤 4）.

10）结束.

2.4.3　编程实现举例

例 2-4　分别取初值 $x_0=1.0$ 和 2.0，用 Newton 迭代法和 Newton 下山法求解方程 $f(x)=\sqrt{x^2+1}-\tan x=0$ 在点 x_0 附近的实根，要求误差限 $\varepsilon=0.0000005$.

解　用 Newton 迭代法求解非线性方程的 Matlab 程序如下：

```
% ****************************************************************
% 用 Newton 迭代法求解非线性方程程序 Newton.m
% ================================================================
clear all; clc;
fun=@(x) sqrt(x*x+1)-tan(x);                    % 输入函数 f(x)
dfun=@(x) x/sqrt(x*x+1)-1/cos(x)/cos(x);        % 输入导函数 f'(x)
epsilon=0.0000005; N=2000;                      % 精度要求与最大迭代次数
x0=input('请输入迭代初值 x0=: ');
```

```
k=1;
F0=fun(x0); dF0=dfun(x0);
while k<=N
    if abs(dF0)<= epsilon                          % 表明 f'(x)=0
        fprintf('导数为 0, 无法继续迭代求解.\n');
        return ;
    end
    x1=x0-F0/dF0; F1=fun(x1); dF1=dfun(x1);
    if ((abs(x1-x0)<epsilon) | abs(F1)<epsilon)
        fprintf('经过%d 次迭代,求得方程满足精度要求的解为 x=%8.6f\n',k,x1);
        return ;
    end
    k=k+1; x0=x1;
    F0=F1; dF0=dF1;
end
fprintf('经过 %d 次迭代后仍未求出满足精度要求的解.\n',N);
```

```
>> Newton↙
请输入迭代初值 x0=: 1.0
经过 3 次迭代, 求得方程满足精度要求的解为 x=0.941462
>> Newton↙
请输入迭代初值 x0=: 2.0
经过 2000 次迭代后仍未求出满足精度要求的解.
>>
```

用 Newton 下山法解非线性方程的 Matlab 程序如下：

```
% ****************************************************************
% 用 Newton 下山法求解非线性方程程序 Newtondhill.m
% ================================================================
clear all; clc;
fun=@(x) sqrt(x*x+1)-tan(x);                      % 输入函数 f(x)
dfun=@(x) x/sqrt(x*x+1)-1/cos(x)/cos(x);          % 输入导函数 f'(x)
epsilon=0.0000005; N=2000;                        % 精度要求与最大迭代次数
x0=input('请输入迭代初值 x0=: ');
k=1;lambda=1;
F0=fun(x0);dF0=dfun(x0);
while k<=N
    if abs(dF0)<= epsilon                          % 表明 f'(x)=0
        fprintf('导数为 0, 无法继续迭代求解.\n');
        return ;
    end
    x1=x0-lambda*F0/dF0; F1=fun(x1); dF1=dfun(x1);
```

```
    while abs(F1)>abs(F0)                    % 不满足下山条件
        lambda=lambda/2;                     % 下山因子缩减一半
        x1=x0-lambda*F0/dF0; F1=fun(x1); dF1=dfun(x1);
    end
    if ((abs(x1-x0)<epsilon) | abs(F1)<epsilon)
        fprintf('经过%d 次迭代,求得方程满足精度要求的解为 x=%8.6f\n',k,x1);
        return ;
    end
k=k+1; x0=x1; F0=F1; dF0=dF1;
lambda=1;                                    % 下山因子取回值 1
end
fprintf('经过 %d 次迭代后仍未求出满足精度要求的解.\n',k-1);
```

```
>> Newtondhill↙
请输入迭代初值 x0=: 1.0
经过 3 次迭代，求得方程满足精度要求的解为 x=0.941462
>> Newtondhill↙
请输入迭代初值 x0=: 2.0
经过 7 次迭代，求得方程满足精度要求的解为 x=4.498712
>>
```

2.5　割线法

2.5.1　知识要点

运用 Newton 迭代法解方程 $f(x)=0$ 时，需要输入导函数，为避免计算导数值 $f'(x_k)$ 这项麻烦的工作，可以改用差商值作为导数的近似值，即

$$f'(x_k) \approx \frac{f(x_k)-f(x_{k-1})}{x_k - x_{k-1}}$$

将上式与 Newton 迭代公式结合，可得离散化的 Newton 迭代公式

$$x_{k+1} = x_k - \frac{f(x_k)}{f(x_k)-f(x_{k-1})}(x_k - x_{k-1}), \quad k=1,2,\cdots \tag{2.14}$$

上式的几何意义是用过曲线 $y=f(x)$ 上的两点 $(x_{k-1}, f(x_{k-1}))$ 和 $(x_k, f(x_k))$ 的割线与 x 轴的交点去逼近函数 $f(x)$ 的零点. 因此，用离散化的 Newton 迭代公式(2.14)求解非线性方程的方法称为割线法或弦截法.

割线法不需要计算导数值 $f'(x_k)$，且具有超线性收敛速度，是科学与工程计算中求解一元非线性方程的常用方法. 但割线法公式是二步迭代公式，计算时需要提供 x_0 和 x_1 两个初值，且这两个初值都应尽量取在 $f(x)=0$ 的根 x^* 附近.

对于给定的精度要求 $\varepsilon > 0$，割线法迭代终止的条件为

$$|f(x_k)| < \varepsilon \quad 或 \quad |x_k - x_{k-1}| < \varepsilon \tag{2.15}$$

2.5.2 算法描述

用割线法求非线性方程在点 x_0 附近的实根的算法如下：

算法 2-6：割线法

1）输入函数 $f(x)$，输入初值 x_0 和 x_1.

2）设定精度要求 ε 及最大迭代次数 N.

3）取迭代次数初值 $k = 2$.

4）如果迭代次数 $k \leqslant N$，转步骤 5)；否则，输出出错提示信息，转步骤 9）.

5）计算 $f(x_0)$ 及 $f(x_1)$，计算 $x = x_1 - f(x_1)(x_1 - x_0)/(f(x_1) - f(x_0))$.

6）如果 $|f(x)| < \varepsilon$ 或 $|x - x_1| < \varepsilon$，输出计算结果 x，转步骤 9)；否则，转步骤 7）.

7）$k = k+1$，$x_0 = x_1$，$x_1 = x$.

8）转步骤 4）.

9）结束.

2.5.3 编程实现举例

例 2-5　取初值 $x_0 = 6.0$ 和 $x_1 = 4.5$，用割线法求方程 $f(x) = \sqrt{x^2 + 1} - \tan x = 0$ 的实根，要求误差限为 $\varepsilon = 0.000000005$.

解　Matlab 程序 Secant.m 如下：

```
% ****************************************************************
% 用割线法求解非线性方程程序 Secant.m
% ================================================================
clear all; clc;
fun=@(x) sqrt(x*x+1)-tan(x);                    % 输入函数 f(x)
epsilon=0.000000005; N=2000;                    % 求解精度要求与最大迭代次数
x0=input('请输入迭代初值 x0=: ');
x1=input('请输入迭代初值 x1=: ');
k=1;
fprintf('  k       x(k)');
while k<=N
    F0=fun(x0); F1=fun(x1);
    x=x1-F1*(x1-x0)/(F1-F0);
    F=fun(x);
```

```
    fprintf('\n %2d    %8.8f  ',k, x);
    if (abs(F)<epsilon) | (abs(x-x1)<epsilon)
        fprintf('\n 经过%d 次迭代，求得满足精度要求的解为 x=%8.8f\n',k,x);
        return ;
    end
    k=k+1; x0=x1; x1=x;
end
fprintf('经过 %d 次迭代后仍未求出满足精度要求的解.\n',N);
```

```
>> Secant↙
请输入迭代初值 x0=: 6.0
请输入迭代初值 x1=: 4.5
  k       x(k)
  1    4.50645799
  2    4.49875989
  3    4.49871365
  4    4.49871186
  5    4.49871186
经过 5 次迭代，求得满足精度要求的解为 x=4.49871186
>>
```

编程计算习题 2

2.1 用对分区间法求方程 $f(x)=0$ 在隔根区间$[a, b]$内的实根，精确到小数点后第 6 位，并比较隔根区间长度为 1 情形下对分区间的次数：

（1）方程为 $f(x)=x^3-x-1=0$，隔根区间为$[1, 2]$；

（2）方程为 $3x^2-e^x=0$，隔根区间为$[3, 4]$；

（3）方程为 $\cos x-3x+1=0$，隔根区间为$[0, 1]$.

2.2 选取迭代函数 $\varphi(x)=\ln(3x^2)$ 及初值 $x_0=3.5$，分别用不动点迭代法和 Steffensen 加速法求方程 $3x^2-e^x=0$ 在区间$[3, 4]$内的实根，精确到小数点后第 6 位，并比较两种方法的迭代次数.

2.3 已知方程 $x^3-x^2-x-1=0$ 在区间$[1, 2]$内有一个实根，选取迭代函数 $\varphi(x)=x^3-x^2-1$ 及初值 $x_0=3.5$，

（1）用 Steffensen 加速法求解方程，要求精确到小数点后第 6 位；

（2）能否用不动点迭代法求解？

2.4 取初值 $x_0=0.6$，分别用 Newton 迭代法和 Newton 下山法求解方程 $x^3-x-1=0$ 的实根，要求精度满足 $|x_{k+1}-x_k|<10^{-7}$，并比较两种方法的迭代次数.

2.5 公元 1225 年，Leonardo Fibonacci 宣称他求出了如下方程

$$x^3+2x^2+10x-20=0$$

的高精度解 $x^*\approx 1.368808$，当时颇为轰动，但却无人知道他的求解方法. 请分别用下列方法求该方程精确到小数点后第 10 位的解.

（1）对分区间法，隔根区间为 $[1,\ 2]$，并统计对分区间次数；

（2）Newton 迭代法，初值 $x_0=1.5$，并统计迭代次数；

（3）割线法，初值 $x_0=1.0$， $x_0=2.0$，并统计迭代次数.

第 3 章　线性方程组的直接法

求解高阶线性方程组是科学研究、工程技术以及经济管理等众多领域经常遇到的问题，Cramer 法则虽然给出了求出线性方程组精确解的一种方法，但该方法涉及计算量巨大的高阶行列式的计算，无法满足解决实际问题的需要. 求解线性方程组的数值方法包括直接法与迭代法两类，其中直接法是通过有限步的算术运算直接求出方程组精确解的数值方法.

理论上，直接法能求得线性方程组的精确解，但由于存在舍入误差，实际获得的解仍然是近似解. 求解线性方程组的直接法主要包括 Gauss 列主元消去法、LU 分解法、对称正定方程组的 Cholesky 分解法以及三对角方程组的追赶法.

3.1　Gauss 列主元消去法

3.1.1　知识要点

Gauss 顺序消去法是由消元与回代两个过程组成的求解线性方程组的一种直接法，消元过程通过一系列的行初等变换，将线性方程组转化为与之同解的上三角线性方程组，回代过程从上三角线性方程组的最后一个方程开始，逐个求出线性方程组未知量的值.

给定 n 元一次线性方程组

$$\boldsymbol{Ax}=\boldsymbol{b} \tag{3.1}$$

其中

$$\boldsymbol{A}=\begin{pmatrix} a_{11} & a_{12} & \cdots & a_{1n} \\ a_{21} & a_{22} & \cdots & a_{2n} \\ \vdots & \vdots & & \vdots \\ a_{n1} & a_{n2} & \cdots & a_{nn} \end{pmatrix},\quad \boldsymbol{x}=\begin{pmatrix} x_1 \\ x_2 \\ \vdots \\ x_n \end{pmatrix},\quad \boldsymbol{b}=\begin{pmatrix} b_1 \\ b_2 \\ \vdots \\ b_n \end{pmatrix}$$

对于 $k=1,\cdots,n-1$，Gauss 顺序消去法消元过程计算公式为

$$\begin{cases} m_{ik}=-a_{ik}^{(k)}\big/a_{kk}^{(k)}, & i=k+1,k+2,\cdots,n \\ a_{ij}^{(k+1)}=a_{ij}^{(k)}+m_{ik}a_{kj}^{(k)}, & i=k+1,\cdots,n;\ j=k+1,\cdots,n \\ b_i^{(k+1)}=b_i^{(k)}+m_{ik}b_k^{(k)}, & i=k+1,k+2,\cdots,n \end{cases} \tag{3.2}$$

回代过程计算公式为

$$\begin{cases} x_n = b_n^{(n)} / a_{nn}^{(n)} \\ x_k = \left(b_k^{(k)} - \sum\limits_{j=k+1}^{n} a_{kj}^{(k)} x_j \right) \Big/ a_{kk}^{(k)}, \quad k = n-1, n-2, \cdots, 2, 1 \end{cases} \tag{3.3}$$

由公式（3.2）与（3.3）可以看到，Gauss 顺序消去法能实施的前提条件是约化的主元素 $a_{kk}^{(k)} \neq 0 \ (k=1,2,\cdots,n)$. 可以证明：$a_{kk}^{(k-1)} \neq 0 \ (k=1,2,\cdots,n)$ 的充要条件是线性方程组 $\boldsymbol{Ax}=\boldsymbol{b}$ 的系数矩阵 $\boldsymbol{A}$ 的所有顺序主子式都不为零，即

$$D_1 = a_{11} \neq 0, \quad D_i = \begin{vmatrix} a_{11} & \cdots & a_{1i} \\ \vdots & \ddots & \vdots \\ a_{i1} & \cdots & a_{ii} \end{vmatrix} \neq 0, \quad i = 2, 3, \cdots, n$$

即使约化的主元素 $a_{kk}^{(k)} \neq 0 \ (k=1,2,\cdots,n)$，若其绝对值很小，以它作为除数的消元过程也可能由于舍入误差的扩大导致计算结果失真. 为避免消元过程中出现零主元素或绝对值过小的主元素，确保消元过程可行，在进行第 k 步消元时，先从方程组增广矩阵第 k 列的各元素中选取绝对值最大的元素 $a_{pk}^{(k)}$

$$a_{pk}^{(k)} = \max_{k \leqslant i \leqslant n} \left| a_{ik}^{(k)} \right|, \quad k = 1, 2, \cdots, n-1$$

将第 k 行与第 p 行交换，使 $a_{pk}^{(k-1)}$ 位于主元素的位置，然后再按公式（3.2）消元. 完成 n−1 步消元后再回代，这种求解线性方程组的方法称为 Gauss 列主元消去法.

3.1.2　算法描述

用 Gauss 列主元消去法求解线性方程组的算法如下：

算法 3-1：Gauss 列主元消去法

1）输入线性方程组的增广矩阵$(\boldsymbol{A}|\boldsymbol{b})$，求出方阵 $\boldsymbol{A}$ 的阶数 n.

2）从增广矩阵第 k $(k=1,2,\cdots,n-1)$ 列各元素中选出绝对值最大者 $a_{pk}^{(k)}$，记录其行号 p.

3）如果 $a_{pk}^{(k)}$ 不在第 k 行，交换增广矩阵的第 k 行与第 p 行，然后转步骤 4）.

4）计算 $m_{ik} = -a_{ik}^{(k)} / a_{kk}^{(k)} \ (k=1,2,\cdots,n-1;\ i=k+1,k+2,\cdots,n)$.

5）消元：$a_{ij}^{(k+1)} = a_{ij}^{(k)} + m_{ik} a_{kj}^{(k)}$；$b_i^{(k+1)} = b_i^{(k)} + m_{ik} b_k^{(k)} \ (i,j=k+1,k+2,\cdots,n)$.

6）回代：$x_n = b_n^{(n)} / a_{nn}^{(n)}$，$x_k = \left(b_k^{(k)} - \sum\limits_{j=k+1}^{n} a_{kj}^{(k)} x_j \right) \Big/ a_{kk}^{(k)}, \quad k=n-1,n-2,\cdots,2,1$.

7）输出计算结果.

8）结束.

3.1.3 编程实现举例

例 3-1 已知线性方程组

$$\begin{pmatrix} 2 & -1 & 4 & -3 & 1 \\ -1 & 1 & 2 & 1 & 3 \\ 4 & 2 & 3 & 3 & -1 \\ -3 & 1 & 3 & 2 & 4 \\ 1 & 3 & -1 & 4 & 4 \end{pmatrix} \begin{pmatrix} x_1 \\ x_2 \\ x_3 \\ x_4 \\ x_5 \end{pmatrix} = \begin{pmatrix} 11 \\ 14 \\ 4 \\ 16 \\ 18 \end{pmatrix}$$

求用 Gauss 列主元消去法消元后线性方程组的增广矩阵，并求出线性方程组的解.

解 Matlab 程序如下：

```
% ***************************************************************
% 用 Gauss 列主元消去法求解线性方程组程序 GaussECPE.m
% ===============================================================
clear all; clc;
A=[2,-1,4,-3,1,11;-1,1,2,1,3,14;4,2,3,3,-1,4;-3,1,3,2,4,16;1,3,
  -1,4,4,18];
n=length(A)-1;                          % 由增广矩阵求出方程组的阶数 n
x=zeros(n,1);                           % 方程组解向量的初值取为 0 向量
for k=1:n-1                             % 共进行 n-1 次消元
    temp=abs(A(k,k));                   % 取列主元素初值
    p=k;                                % p 为列主元所在行的行号
    for i=k+1:n                         % 在第 k 列选取主元素
        if abs(A(i,k)) > temp
            temp=abs(A(i,k));
            p=i;
        end
    end
    if (p~=k)                           % 列主元不在主元素位置
       for j=1:n+1                      % 将第 p 行与第 k 行交换
           temp1=A(k,j);
           A(k,j)=A(p,j);
           A(p,j)=temp1;
       end
    end
    for i=k+1:n                         % 在第 k 列进行 n-k 次消元
       m=-A(i,k)/A(k,k);
       for j=k : n+1
            A(i,j)=A(i,j)+m*A(k,j);     % 消元公式
       end
    end
end
```

```
fprintf('消元后线性方程组的增广矩阵为\n');
for i=1:n
    for j=1:n
        fprintf('%12.6f',A(i,j));                    % 输出消元后的增广矩阵
    end
    fprintf('%12.6f\n',A(i,n+1));
end
x(n)=A(n,n+1)/A(n,n);                                % 开始回代过程
for i=n-1:(-1):1
     for j=i+1:n
          A(i,n+1)=A(i,n+1)-A(i,j)*x(j);             % 回代公式
     end
     x(i)= A(i,n+1)/A(i,i);
end
fprintf('线性方程组的解为\n');
for i=n:-1:1
     fprintf('x(%d)=%10.6f \n',i,x(i));
end
```

```
>> GaussECPE↙
消元后线性方程组的增广矩阵为
    4.000000    2.000000    3.000000    3.000000   -1.000000    4.000000
    0.000000    2.500000    5.250000    4.250000    3.250000   19.000000
    0.000000    0.000000   -7.000000   -1.000000    1.000000   -2.000000
    0.000000    0.000000    0.000000   -2.057143    5.057143   22.285714
    0.000000    0.000000    0.000000    0.000000   -1.083333   -4.333333
线性方程组的解为
x(5)=  4.000000
x(4)= -1.000000
x(3)=  1.000000
x(2)=  2.000000
x(1)=  1.000000
>>
```

3.2　LU 分解法

3.2.1　知识要点

矩阵的 LU 分解指将 n 阶方阵 $\boldsymbol{A}$ 分解为一个下三角矩阵 $\boldsymbol{L}$ 和一个上三角矩阵 $\boldsymbol{U}$ 的乘积，即 $\boldsymbol{A}=\boldsymbol{LU}$. 若 $\boldsymbol{L}$ 为单位下三角矩阵，则这种 LU 分解称为 $\boldsymbol{A}$ 的 Doolittle 分解，若 $\boldsymbol{U}$ 为单位上三角矩阵，则这种 LU 分解称为 $\boldsymbol{A}$ 的 Crout 分解.

由线性代数理论可知，如果 n 阶方阵 $\boldsymbol{A}$ 的顺序主子式都不为零，即，$D_k \neq 0\,(k=1,2,\cdots,n-1)$，则 $\boldsymbol{A}$ 可唯一地分解为一个单位下三角矩阵 $\boldsymbol{L}$ 和一个上三角矩阵 $\boldsymbol{U}$ 的乘积. 将线性方程组（3.1）的系数矩阵 $\boldsymbol{A}$ 分解为 $\boldsymbol{A}=\boldsymbol{LU}$ 后，原线性方程组就可转化为与之等价的两个相对容易求解的三角方程组，通过求解两个三角方程组就可获得原方程组的解. 这就是线性方程组 LU 分解法的基本思想.

设 $\boldsymbol{A}$ 的 Doolittle 分解为 $\boldsymbol{A}=\boldsymbol{LU}$，其中

$$\boldsymbol{L}=\begin{pmatrix} 1 & & & & \\ l_{21} & 1 & & & \\ l_{31} & l_{32} & \ddots & & \\ \vdots & \vdots & \ddots & 1 & \\ l_{n1} & l_{n2} & \cdots & l_{n\,n-1} & 1 \end{pmatrix}, \quad \boldsymbol{U}=\begin{pmatrix} u_{11} & u_{12} & u_{13} & \cdots & u_{1n} \\ & u_{22} & u_{23} & \cdots & u_{2n} \\ & & u_{33} & \cdots & u_{3n} \\ & & & \ddots & \vdots \\ & & & & u_{nn} \end{pmatrix}$$

则通过等式 $\boldsymbol{A}=\boldsymbol{LU}$ 可得到 $\boldsymbol{U}$ 的各行及 $\boldsymbol{L}$ 的各列的计算公式：

$$u_{kj}=a_{kj}-\sum_{r=1}^{k-1} l_{kr}u_{rj}, \quad k=1,2,\cdots,n; \quad j=k,k+1,\cdots,n \tag{3.4}$$

$$l_{ik}=\left(a_{ik}-\sum_{r=1}^{k-1} l_{ir}u_{rk}\right)\Big/u_{kk}, \quad k=1,2,\cdots,n; \quad i=k+1,k+2,\cdots,n \tag{3.5}$$

从上面两个公式可以看到，对 $\boldsymbol{A}$ 进行 Doolittle 分解的每一步应先计算上三角阵 $\boldsymbol{U}$ 的一行，再计算单位下三角阵 $\boldsymbol{L}$ 相应的一列，即“先行后列，先 $\boldsymbol{U}$ 后 $\boldsymbol{L}$”，这样才能保证计算过程顺利推进.

对系数矩阵 $\boldsymbol{A}$ 进行 Doolittle 分解后，求解线性方程组（3.1）便等价于求解如下两个三角方程组

$$\begin{cases} \boldsymbol{Ly}=\boldsymbol{b} \\ \boldsymbol{Ux}=\boldsymbol{y} \end{cases}$$

求出下三角方程组 $\boldsymbol{Ly}=\boldsymbol{b}$ 的各个未知量 $y_1,y_2,\cdots,y_n$ 的公式为

$$\begin{cases} y_1=b_1 \\ y_k=b_k-\displaystyle\sum_{j=1}^{k-1} l_{kj}y_j, \quad k=2,3,\cdots,n \end{cases} \tag{3.6}$$

求出上三角方程组 $\boldsymbol{Ux}=\boldsymbol{y}$ 的各个未知量 $x_n,x_{n-1},\cdots,x_1$ 的公式为

$$\begin{cases} x_n=y_n/u_{nn} \\ x_k=\left(y_k-\displaystyle\sum_{j=k+1}^{n} u_{kj}x_j\right)\Big/u_{kk}, \quad k=n-1,n-2,\cdots,1 \end{cases} \tag{3.7}$$

利用公式（3.4）—（3.7）求解线性方程组 $\boldsymbol{Ax}=\boldsymbol{b}$ 的方法称为 Doolittle 分解法.

在这一方法中，线性方程组的右端向量只在求解上三角方程组的过程中参与运算，与系数矩阵的分解过程无关. 因此，Doolittle 分解法特别适合求解仅线性方程组右端向量不同，系数矩阵完全相同的一系列方程组，Doolittle 分解法这一特点在控制论领域有广泛的应用.

设 $\boldsymbol{A}$ 的 Crout 分解为 $\boldsymbol{A}=\tilde{\boldsymbol{L}}\tilde{\boldsymbol{U}}$，其中

$$\tilde{\boldsymbol{L}}=\begin{pmatrix}\tilde{l}_{11} & & & & \\ \tilde{l}_{21} & \tilde{l}_{22} & & & \\ \tilde{l}_{31} & \tilde{l}_{32} & \tilde{l}_{33} & & \\ \vdots & \vdots & \vdots & \ddots & \\ \tilde{l}_{n1} & \tilde{l}_{n2} & \tilde{l}_{n3} & \cdots & \tilde{l}_{nn}\end{pmatrix},\quad \tilde{\boldsymbol{U}}=\begin{pmatrix}1 & \tilde{u}_{12} & \tilde{u}_{13} & \cdots & \tilde{u}_{1n} \\ & 1 & \tilde{u}_{23} & \cdots & \tilde{u}_{2n} \\ & & 1 & \cdots & \tilde{u}_{3n} \\ & & & \ddots & \vdots \\ & & & & 1\end{pmatrix}$$

则通过 $\boldsymbol{A}=\tilde{\boldsymbol{L}}\tilde{\boldsymbol{U}}$ 可得到求出 $\tilde{\boldsymbol{L}}$ 中的各列与 $\tilde{\boldsymbol{U}}$ 中的各行的公式：

$$\tilde{l}_{ik}=a_{ik}-\sum_{r=1}^{k-1}\tilde{l}_{ir}\tilde{u}_{rk},\quad k=1,2,\cdots,n;\quad i=k,k+1,\cdots,n \tag{3.8}$$

$$\tilde{u}_{kj}=\left(a_{kj}-\sum_{r=1}^{k-1}\tilde{l}_{kr}\tilde{u}_{rj}\right)\Big/\tilde{l}_{kk},\quad k=1,2,\cdots,n;\quad j=k+1,k+2,\cdots,n \tag{3.9}$$

从公式（3.8）—（3.9）可以看到，对 $\boldsymbol{A}$ 进行 Crout 分解的每一步应先计算下三角阵 $\tilde{\boldsymbol{L}}$ 的一列，再计算单位上三角阵 $\tilde{\boldsymbol{U}}$ 相应的一行，即“先列后行，先 $\tilde{\boldsymbol{L}}$ 后 $\tilde{\boldsymbol{U}}$”，这样才能保证计算过程顺利向前推进.

对线性方程组的系数矩阵 $\boldsymbol{A}$ 进行 Crout 分解后，求解线性方程组（3.1）便等价于求解两个三角方程组 $\tilde{\boldsymbol{L}}\boldsymbol{y}=\boldsymbol{b}$ 和 $\tilde{\boldsymbol{U}}\boldsymbol{x}=\boldsymbol{y}$.

求出下三角方程组 $\tilde{\boldsymbol{L}}\boldsymbol{y}=\boldsymbol{b}$ 的各个未知量 $y_1,y_2,\cdots,y_n$ 的公式为

$$\begin{cases}y_1=b_1\big/\tilde{l}_{11}\\ y_k=\left(b_k-\sum_{j=1}^{k-1}\tilde{l}_{kj}y_j\right)\Big/\tilde{l}_{kk},\quad k=2,3,\cdots,n\end{cases} \tag{3.10}$$

求出上三角方程组 $\tilde{\boldsymbol{U}}\boldsymbol{x}=\boldsymbol{y}$ 的各个未知量 $x_n,x_{n-1},\cdots,x_1$ 的公式为

$$\begin{cases}x_n=y_n\\ x_k=y_k-\sum_{j=k+1}^{n}\tilde{u}_{kj}x_j,\quad k=n-1,n-2,\cdots,1\end{cases} \tag{3.11}$$

利用公式（3.8）—（3.11）求解线性方程组 $\boldsymbol{Ax}=\boldsymbol{b}$ 的方法称为 Crout 分解法.

对矩阵 $\boldsymbol{A}$ 进行 Crout 分解还可以通过对 $\boldsymbol{A}^{\mathrm{T}}$ 进行 Doolittle 分解实现. 事实上，设 $\boldsymbol{A}^{\mathrm{T}}$ 的 Doolittle 分解为 $\boldsymbol{A}^{\mathrm{T}}=\boldsymbol{LU}$，其中 $\boldsymbol{L}$ 为单位下三角阵，$\boldsymbol{U}$ 为上三角阵，令

$$\tilde{\boldsymbol{L}}=\boldsymbol{U}^{\mathrm{T}},\quad \tilde{\boldsymbol{U}}=\boldsymbol{L}^{\mathrm{T}}$$

则

$$\boldsymbol{A}=(\boldsymbol{LU})^{\mathrm{T}}=\boldsymbol{U}^{\mathrm{T}}\boldsymbol{L}^{\mathrm{T}}=\tilde{\boldsymbol{L}}\tilde{\boldsymbol{U}}$$

于是，直接利用求解线性方程组的 Doolittle 分解法程序也可实现求解线性方程组的 Crout 分解法.

系数矩阵 $\boldsymbol{A}$ 的 LU 分解完成后，$\boldsymbol{A}$ 的各元素将不再参与运算，因而无需保留. 编程求解线性方程组时，为节省存储空间，对 Doolittle 分解法，可将计算出的下三角阵 $\boldsymbol{L}$ 主对角线以下的元素和上三角阵 $\boldsymbol{U}$ 主对角线及其以上的元素存放在矩阵 $\boldsymbol{A}$ 的相应位置；对 Crout 分解法，可将计算出的下三角阵 $\boldsymbol{L}$ 主对角线及其以下的元素和上三角阵 $\boldsymbol{U}$ 主对角线以上的元素存放在矩阵 $\boldsymbol{A}$ 的相应位置.

3.2.2 算法描述

用 Doolittle 分解法求解线性方程组的算法如下：

算法 3-2：Doolittle 分解法

1）输入线性方程组的系数矩阵 $\boldsymbol{A}$ 以及右端向量 $\boldsymbol{b}$，求出方阵 $\boldsymbol{A}$ 的阶数 n.

2）对于 $k=1,2,\cdots,n$，计算 $u_{kj}=a_{kj}-\sum_{r=1}^{k-1}l_{kr}u_{rj}\ (j=k,k+1,\cdots,n)$. 如果 $u_{kk}=0$，输出出错提示信息，转步骤 6)；否则，计算 $l_{ik}=\left(a_{ik}-\sum_{r=1}^{k-1}l_{ir}u_{rk}\right)\Big/u_{kk}\ (i=k+1,k+2,\cdots,n)$.

3）计算 $y_1=b_1$，然后计算 $y_k=b_k-\sum_{j=1}^{k-1}l_{kj}y_j\ (k=2,3,\cdots,n)$.

4）计算 $x_n=y_n/u_{nn}$，计算 $x_k=\left(y_k-\sum_{j=k+1}^{n}u_{kj}x_j\right)\Big/u_{kk}\ (k=n-1,n-2,\cdots,1)$.

5）输出计算结果.

6）结束.

用 Crout 分解法求解线性方程组的算法如下：

算法 3-3：Crout 分解法

1）输入线性方程组的系数矩阵 $\boldsymbol{A}$ 以及右端向量 $\boldsymbol{b}$，求出方阵 $\boldsymbol{A}$ 的阶数 n.

2）对于 $k=1,2,\cdots,n$，计算 $\tilde{l}_{ik}=a_{ik}-\sum_{r=1}^{k-1}\tilde{l}_{ir}\tilde{u}_{rk}\ (i=k,k+1,\cdots,n)$. 如果 $\tilde{l}_{kk}=0$，

输出出错提示信息，转步骤 6）；否则，计算 $\tilde{u}_{kj}=\left(a_{kj}-\sum_{r=1}^{k-1}\tilde{l}_{kr}\tilde{u}_{rj}\right)\Big/\tilde{l}_{kk}$ $(j=k+1,k+2,\cdots,n)$.

3）计算 $y_1=b_1/\tilde{l}_{11}$，然后计算 $y_k=\left(b_k-\sum_{j=1}^{k-1}\tilde{l}_{kj}y_j\right)\Big/\tilde{l}_{kk}$ $(k=2,3,\cdots,n)$.

4）计算 $x_n=y_n$，然后计算 $x_k=y_k-\sum_{j=k+1}^{n}\tilde{u}_{kj}x_j$ $(k=n-1,n-2,\cdots,1)$.

5）输出计算结果.

6）结束.

3.2.3 编程实现举例

例 3-2 求线性方程组

$$\begin{pmatrix}2&-1&4&-3&1\\-1&1&2&1&3\\4&2&3&3&-1\\-3&1&3&2&4\\1&3&-1&4&4\end{pmatrix}\begin{pmatrix}x_1\\x_2\\x_3\\x_4\\x_5\end{pmatrix}=\begin{pmatrix}11\\14\\4\\16\\18\end{pmatrix}$$

系数矩阵的 Doolittle 分解矩阵 $\boldsymbol{L}$ 和 $\boldsymbol{U}$，系数矩阵行列式的值，并用 Doolittle 分解法解线性方程组.

解 Matlab 程序如下：

```
% ******************************************************************
% 用 Doolittle 分解法求解线性方程组程序 Doolittle.m
% ==================================================================
clear all;
clc;
A=[2,-1,4,-3,1; -1,1,2,1,3; 4,2,3,3,-1; -3,1,3,2,4; 1,3,-1,4,4];
b=[11,14,4,16,18];
n=length(b);                          % 由方程组的右端向量求出阶数 n
format compact                        % 采用无空行的紧凑格式输出
L=eye(n,n);
U=zeros(n,n);
for k=1:n                             % 对 A 进行 Doolittle 分解
    for j=k:n                         % 求矩阵 U
        z=0;
        for r=1:k-1
            z=z+L(k,r)*U(r,j);
```

```
        end
        U(k,j)=A(k,j)-z;                    % 求出 U(k,j)
    end
    if abs(U(k,k)) <1e-12                   % U(k,k)==0
        disp('矩阵 A 不能进行 Doolittle 分解\n')
        return
    end
    for i=k+1:n                             % 求矩阵 L
        z=0;
        for r=1:k-1
            z=z+L(i,r)*U(r,k);
        end
        L(i,k)=(A(i,k)-z)/U(k,k);           % 求出 L(i,k)
    end
end
L,U
T=1;                                        % 矩阵 A 行列式的初值
for i=1:n                                   % 求矩阵 A 行列式的值
    T=T*U(i,i);
end
fprintf('\n det(A)=');
disp(T)
y=zeros(n,1);
y(1)=b(1);
for k=2:n                                   % 求出 y(2),y(3),...,y(n)
    s=0;
    for j=1:k-1
        s=s+L(k,j)*y(j);
    end
    y(k)=b(k)-s;
end
x=zeros(n,1);
x(n)=y(n)/U(n,n);
for k=n-1:-1:1                              % 求出 x(n-1),x(n-2),...,x(1)
    s=0;
    for j=k+1:n
        s=s+U(k,j)*x(j);
    end
    x(k)=(y(k)-s)/U(k,k);
end
fprintf('\n 方程组的解为: x=[');
for i=1:n
     fprintf('%9.5f',x(i));
```

```
end
fprintf('  ]\n')
```

```
>> Doolittle↙
L =
    1.0000         0         0         0         0
   -0.5000    1.0000         0         0         0
    2.0000    8.0000    1.0000         0         0
   -1.5000   -1.0000   -0.3514    1.0000         0
    0.5000    7.0000    0.8378   -1.2069    1.0000
U =
    2.0000   -1.0000    4.0000   -3.0000    1.0000
         0    0.5000    4.0000   -0.5000    3.5000
         0         0  -37.0000   13.0000  -31.0000
         0         0         0    1.5676   -1.8919
         0         0         0         0    2.6897

det(A)= -156.0000

方程组的解为: x=[  1.00000  2.00000  1.00000 -1.00000  4.00000  ]
>>
```

例 3-3　求线性方程组

$$\begin{pmatrix} 2 & -1 & 4 & -3 & 1 \\ -1 & 1 & 2 & 1 & 3 \\ 4 & 2 & 3 & 3 & -1 \\ -3 & 1 & 3 & 2 & 4 \\ 1 & 3 & -1 & 4 & 4 \end{pmatrix}\begin{pmatrix} x_1 \\ x_2 \\ x_3 \\ x_4 \\ x_5 \end{pmatrix}=\begin{pmatrix} 11 \\ 14 \\ 4 \\ 16 \\ 18 \end{pmatrix}$$

系数矩阵的 Crout 分解矩阵 $\tilde{\boldsymbol{L}}$ 和 $\tilde{\boldsymbol{U}}$，并用 Crout 分解法解线性方程组.

解　Matlab 程序如下：

```
% ****************************************************************
% 用 Crout 分解法求解线性方程组程序 Crout.m
% ================================================================
clear all;
clc;
A=[2,-1,4,-3,1; -1,1,2,1,3; 4,2,3,3,-1; -3,1,3,2,4; 1,3,-1,4,4];
b=[11,14,4,16,18];
n=length(b);                         % 由方程组的右端向量求出阶数 n
format compact                       % 采用无空行的紧凑格式输出
L=zeros(n,n);
```

```
U=eye(n,n);
for k=1:n                              % 对 A 进行 Crout 分解
    for i=k:n                          % 求矩阵 L
        z=0;
        for r=1:k-1
            z=z+L(i,r)*U(r,k);
         end
         L(i,k)=A(i,k)-z;
    end
    if abs(L(k,k)) <1e-12
        disp('矩阵 A 不能进行 Crout 分解\n')
        return
    end
    for j=k+1:n                        % 求矩阵 U
        z=0;
        for r=1:k-1
            z=z+L(k,r)*U(r,j);
        end
        U(k,j)=(A(k,j)-z)/L(k,k);
    end
end
disp('Crout 分解后的下三角矩阵为')
disp(L)
disp('Crout 分解后的单位上三角矩阵为')
disp(U)
y=zeros(n,1);
y(1)=b(1)/L(1,1);
for k=2:n                              % 求 y(k)
    s=0;
    for j=1:k-1
        s=s+L(k,j)*y(j);
    end
    y(k)=(b(k)-s)/L(k,k);
end
x=zeros(n,1);
x(n)=y(n);
for k=n-1:-1:1                         % 求 x(k)
    s=0;
    for j=k+1:n
        s=s+U(k,j)*x(j);
    end
    x(k)=y(k)-s;
end
fprintf('x=');
```

```
disp(x')
```

```
>> Crout↙
Crout 分解后的下三角矩阵为
    2.0000         0          0          0          0
   -1.0000    0.5000          0          0          0
    4.0000    4.0000   -37.0000          0          0
   -3.0000   -0.5000    13.0000     1.5676          0
    1.0000    3.5000   -31.0000    -1.8919     2.6897
Crout 分解后的单位上三角矩阵为
    1.0000   -0.5000     2.0000    -1.5000     0.5000
         0    1.0000     8.0000    -1.0000     7.0000
         0         0     1.0000    -0.3514     0.8378
         0         0          0     1.0000    -1.2069
         0         0          0          0     1.0000
x=   1.0000    2.0000     1.0000    -1.0000     4.0000
>>
```

3.3　对称正定方程组的 Cholesky 分解法

3.3.1　知识要点

设 $\boldsymbol{A}$ 是对称矩阵，由线性代数理论可知：①若 $\boldsymbol{A}$ 的所有顺序主子式均不为零，则存在单位下三角矩阵 $\boldsymbol{L}$ 和对角矩阵 $\boldsymbol{D}$，使得 $\boldsymbol{A}$ 可唯一分解为 $\boldsymbol{A}=\boldsymbol{LDL}^{\mathrm{T}}$，称为对称矩阵 $\boldsymbol{A}$ 的 Cholesky 分解；②若 $\boldsymbol{A}$ 的所有顺序主子式均大于零，则 $\boldsymbol{A}$ 是对称正定矩阵，因而存在对角元素均为正的实下三角矩阵 $\boldsymbol{L}$，使得 $\boldsymbol{A}$ 可唯一分解为 $\boldsymbol{A}=\boldsymbol{LL}^{\mathrm{T}}$，这种分解称为对称正定矩阵 $\boldsymbol{A}$ 的 Cholesky 分解.

设 n 阶对称正定矩阵 $\boldsymbol{A}$ 的 Cholesky 分解为

$$\boldsymbol{A}=\boldsymbol{LL}^{\mathrm{T}}=\begin{pmatrix} a_{11} & a_{12} & \cdots & a_{1n} \\ a_{21} & a_{22} & \cdots & a_{2n} \\ \vdots & \vdots & & \vdots \\ a_{n1} & a_{n2} & \cdots & a_{nn} \end{pmatrix}=\begin{pmatrix} l_{11} & & & \\ l_{21} & l_{22} & & \\ \vdots & \vdots & \ddots & \\ l_{n1} & l_{n2} & \cdots & l_{nn} \end{pmatrix}\begin{pmatrix} l_{11} & l_{21} & \cdots & l_{n1} \\ & l_{22} & \cdots & l_{n2} \\ & & \ddots & \vdots \\ & & & l_{nn} \end{pmatrix}$$

其中 $l_{ii}>0\ (i=1,2,\cdots,n)$. 由矩阵乘法可得计算 $\boldsymbol{L}$ 各元素的公式为

$$l_{kk}=\sqrt{a_{kk}-\sum_{j=1}^{k-1}l_{kj}^2},\quad k=1,2,\cdots,n \tag{3.12}$$

$$l_{ik}=\left(a_{ik}-\sum_{j=1}^{k-1}l_{ij}l_{kj}\right)\Big/l_{kk},\quad i=k+1,k+2,\cdots,n \tag{3.13}$$

求出对角元素均为正的实下三角矩阵 $\boldsymbol{L}$ 后，求解对称正定线性方程组 $\boldsymbol{Ax}=\boldsymbol{b}$ 便等价于求解两个三角方程组 $\boldsymbol{Ly}=\boldsymbol{b}$ 和 $\boldsymbol{L}^{\mathrm{T}}\boldsymbol{x}=\boldsymbol{y}$.

求解下三角方程组 $\boldsymbol{Ly}=\boldsymbol{b}$ 的公式为

$$\begin{cases} y_1 = b_1/l_{11} \\ y_k = \left(b_k - \sum\limits_{j=1}^{k-1} l_{kj}y_j\right)\Big/ l_{kk}, \quad k=2,3,\cdots,n \end{cases} \tag{3.14}$$

求解上三角方程组 $\boldsymbol{L}^{\mathrm{T}}\boldsymbol{x}=\boldsymbol{y}$ 的公式为

$$\begin{cases} x_n = y_n/l_{nn} \\ x_k = \left(y_k - \sum\limits_{i=k+1}^{n} l_{ik}x_i\right)\Big/ l_{kk}, \quad k=n-1,n-2,\cdots,1 \end{cases} \tag{3.15}$$

用公式（3.12）—（3.15）求解对称正定方程组 $\boldsymbol{Ax}=\boldsymbol{b}$ 的方法称为 Cholesky 分解法，因其计算过程含有开方运算，又称为平方根法. 可以进一步证明，Cholesky 分解法是数值稳定的算法，消元过程中不必选主元素. 此外，对 $\boldsymbol{A}$ 进行 Cholesky 分解时，计算出了 $\boldsymbol{L}$ 的一列也就计算出了 $\boldsymbol{L}^{\mathrm{T}}$ 对应的一行，因而 Cholesky 分解法所需计算量约为 Doolittle 分解法或 Crout 分解法计算量的一半.

由公式（3.12）可以看出，用 Cholesky 分解法求解对称正定方程组需要作 n 次开平方运算，计算量较大. 为避免求平方根，可将对称矩阵 $\boldsymbol{A}$ 作 Cholesky 分解：

$$\boldsymbol{A}=\boldsymbol{LDL}^{\mathrm{T}}=\begin{pmatrix} a_{11} & a_{12} & \cdots & a_{1n} \\ a_{21} & a_{22} & \cdots & a_{2n} \\ \vdots & \vdots & & \vdots \\ a_{n1} & a_{n2} & \cdots & a_{nn} \end{pmatrix}=\begin{pmatrix} 1 & & & \\ l_{21} & 1 & & \\ \vdots & \vdots & \ddots & \\ l_{n1} & l_{n2} & \cdots & 1 \end{pmatrix}\begin{pmatrix} d_1 & & & \\ & d_2 & & \\ & & \ddots & \\ & & & d_n \end{pmatrix}\begin{pmatrix} 1 & l_{21} & \cdots & l_{n1} \\ & 1 & \cdots & l_{n2} \\ & & \ddots & \vdots \\ & & & 1 \end{pmatrix}$$

由此可得计算对角矩阵 $\boldsymbol{D}$ 及单位下三角矩阵 $\boldsymbol{L}$ 各元素的公式：

$$d_k = a_{kk} - \sum_{j=1}^{k-1} l_{kj}^2 d_j, \quad k=1,2,\cdots,n$$

$$l_{ik} = \left(a_{ik} - \sum_{j=1}^{k-1} d_j l_{ij} l_{kj}\right)\Big/ d_k, \quad k=1,2,\cdots,n;\quad i=k+1,k+2,\cdots,n$$

为避免重复计算，引入中间量 $t_{ij}=l_{ij}d_j$ ，则对于 $k=1,2,\cdots,n$ ，有

$$d_k = a_{kk} - \sum_{j=1}^{k-1} l_{kj}t_{kj} \tag{3.16}$$

$$t_{ik} = a_{ik} - \sum_{j=1}^{k-1} t_{ij}l_{kj}, \quad i=k+1,k+2,\cdots,n \tag{3.17}$$

$$l_{ik} = t_{ik}/d_k, \quad i=k+1,k+2,\cdots,n \tag{3.18}$$

求出矩阵 $\boldsymbol{L}$ 及 $\boldsymbol{D}$ 后，求解对称方程组 $\boldsymbol{Ax}=\boldsymbol{b}$ 便化为了求解下三角方程组 $\boldsymbol{Ly}=\boldsymbol{b}$ 和求解上三角方程组 $\boldsymbol{L}^{\mathrm{T}}\boldsymbol{x}=\boldsymbol{D}^{-1}\boldsymbol{y}$. 求解 $\boldsymbol{Ly}=\boldsymbol{b}$ 的公式为

$$\begin{cases} y_1=b_1 \\ y_k=b_k-\sum_{j=1}^{k-1} l_{kj}y_j, \quad k=2,3,\cdots,n \end{cases} \tag{3.19}$$

求解 $\boldsymbol{L}^{\mathrm{T}}\boldsymbol{x}=\boldsymbol{D}^{-1}\boldsymbol{y}$ 的公式为

$$\begin{cases} x_n=y_n/d_n \\ x_k=y_k/d_k-\sum_{i=k+1}^{n} l_{ik}x_i, \quad k=n-1,n-2,\cdots,1 \end{cases} \tag{3.20}$$

用公式（3.16）—（3.20）求解对称方程组 $\boldsymbol{Ax}=\boldsymbol{b}$ 的方法称为改进的 Cholesky 分解法，又称为改进的平方根法. 改进的 Cholesky 法与 Cholesky 计算量相当，但不需要进行开方运算，也无需选主元. Cholesky 分解法只适合于求解对称正定方程组；而改进的 Cholesky 分解法既适合于求解对称正定方程组，也可用于求解系数矩阵对称且顺序主子式全不为零的方程组.

3.3.2　算法描述

求解对称正定线性方程组的 Cholesky 分解法可描述如下：

算法 3-4：Cholesky 分解法

1）输入对称正定线性方程组的系数矩阵 $\boldsymbol{A}$ 以及右端向量 $\boldsymbol{b}$，求出 $\boldsymbol{A}$ 的阶数 n.

2）对于 $k=1,2,\cdots,n$，如果 $a_{kk}-\sum_{j=1}^{k-1} l_{kj}^2 \leqslant 0$，输出出错提示信息，转步骤 6)；否则，计算 $l_{kk}=\sqrt{a_{kk}-\sum_{j=1}^{k-1} l_{kj}^2}$ 以及 $l_{ik}=\left(a_{ik}-\sum_{j=1}^{k-1} l_{ij}l_{kj}\right)\Big/l_{kk}$， $i=k+1,k+2,\cdots,n$.

3）解方程组 $\boldsymbol{Ly}=\boldsymbol{b}$： $y_1=b_1/l_{11}$ ， $y_k=\left(b_k-\sum_{j=1}^{k-1} l_{kj}y_j\right)\Big/l_{kk}$, $k=2,3,\cdots,n$.

4）解方程组 $\boldsymbol{L}^{\mathrm{T}}\boldsymbol{x}=\boldsymbol{y}$： $x_n=y_n/l_{nn}$ ， $x_k=\left(y_k-\sum_{i=k+1}^{n} l_{ik}x_i\right)\Big/l_{kk}$, $k=n-1,\ n-2,\ \cdots,1$.

5）输出计算结果 $x_1,x_2,\cdots,x_n$.

6）结束.

求解系数矩阵顺序主子式全不为零的对称线性方程组的改进的 Cholesky 分解法可描述如下：

算法 3-5：改进的 Cholesky 分解法

1）输入对称线性方程组的系数矩阵 $\boldsymbol{A}$ 以及右端向量 $\boldsymbol{b}$，求出 $\boldsymbol{A}$ 的阶数 n.

2）对 $k=1,2,\cdots,n$，计算 $d_k = a_{kk} - \sum_{j=1}^{k-1} l_{kj} t_{kj}$，如果 $d_k \leqslant 0$，输出出错提示信息，转步骤 6）；否则，计算 $t_{ik} = a_{ik} - \sum_{j=1}^{k-1} t_{ij} l_{kj} (i=k+1,k+2,\cdots,n)$ 和 $l_{ik} = t_{ik}/d_k$ $(i=k+1,k+2,\cdots,n)$.

3）解方程组 $\boldsymbol{L}\boldsymbol{y}=\boldsymbol{b}$：$y_1 = b_1$，$y_k = b_k - \sum_{j=1}^{k-1} l_{kj} y_j$，$k=2,3,\cdots,n$.

4）解方程组 $\boldsymbol{L}^{\mathrm{T}}\boldsymbol{x} = \boldsymbol{D}^{-1}\boldsymbol{y}$：$x_n = y_n/d_n$，$x_k = y_k/d_k - \sum_{i=k+1}^{n} l_{ik} x_i$，$k=n-1, n-2,\cdots,1$.

5）输出计算结果 $x_1, x_2, \cdots, x_n$.

6）结束.

3.3.3　编程实现举例

例 3-4　已知系数矩阵对称正定的线性方程组

$$\begin{pmatrix} 13 & 3 & 5 & 7 \\ 3 & 15 & 12 & 8 \\ 5 & 12 & 19 & 3 \\ 7 & 8 & 3 & 11 \end{pmatrix} \begin{pmatrix} x_1 \\ x_2 \\ x_3 \\ x_4 \end{pmatrix} = \begin{pmatrix} 18 \\ 13 \\ -22 \\ 36 \end{pmatrix}$$

求系数矩阵的 Cholesky 分解所得矩阵 $\boldsymbol{L}$，并用 Cholesky 分解法求解方程组.

解　Matlab 程序如下：

```
% ***************************************************************
% 用 Cholesky 分解法求解正定对称方程组程序 Cholesky.m
% ===============================================================
clear all; clc;
A=[13,3,5,7; 3,15,12,8; 5,12,19,3; 7,8,3,11];
b=[18,13,-22,36];
n=length(A);L=eye(n,n);
format compact                          % 采用无空行的紧凑格式输出计算结果
for k=1:n                               % 对 A 进行 Cholesky 分解
```

```
    Delta=A(k,k);
    for j=1:k-1
        Delta=Delta-L(k,j)*L(k,j);
    end
    if Delta < 1e-12                  % Delta<=0
        disp('对矩阵 A 不能进行 Cholesky 分解')
        return
    end
    L(k,k)=sqrt(Delta);
    for i=k+1:n                       % 求下三角矩阵 L
        L(i,k)=A(i,k);
        for j=1:k-1
            L(i,k)=L(i,k)-L(i,j)*L(k,j);
        end
        L(i,k)=L(i,k)/L(k,k);     % 求出 L(i,k)
    end
end
L
y=zeros(n,1);
y(1)=b(1)/L(1,1);
for k=2:n                             % 求出向量 y
    s=0;
    for j=1:k-1
        s=s+L(k,j)*y(j);
    end
    y(k)=(b(k)-s)/L(k,k);
end
x=zeros(n,1);
x(n)=y(n)/L(n,n);
for k=n-1:-1:1                        % 求出向量 x
    s=0;
    for i=k+1:n
        s=s+L(i,k)*x(i);
    end
    x(k)=(y(k)-s)/L(k,k);
end
fprintf('\n 方程组的解为: x=');
disp(x')
```

```
>> Cholesky↙
L =
    3.6056          0          0          0
```

```
    0.8321    3.7826         0         0
    1.3868    2.8674    2.9757         0
    1.9415    1.6879   -1.5231    1.4359

方程组的解为：x=    1.0000    2.0000   -3.0000    2.0000
>>
```

例 3-5　用改进的 Cholesky 分解法求解系数矩阵对称的方程组

$$\begin{pmatrix} 5 & -4 & 1 & 0 \\ -4 & 6 & -4 & 1 \\ 1 & -4 & 6 & -4 \\ 0 & 1 & -4 & 5 \end{pmatrix}\begin{pmatrix} x_1 \\ x_2 \\ x_3 \\ x_4 \end{pmatrix}=\begin{pmatrix} 2 \\ -1 \\ -1 \\ 2 \end{pmatrix}$$

并给出对方程组系数矩阵作改进的 Cholesky 分解所得矩阵 $\boldsymbol{L}$ 和 $\boldsymbol{D}$.

解　Matlab 程序如下：

```
% ************************************************************
% 用改进的 Cholesky 分解法求解系数矩阵顺序主子式全不为零的对称方程组
% 程序 IMCholesky.m
% ============================================================
clear all; clc;
A=[5,-4,1,0;-4,6,-4,1;1,-4,6,-4;0,1,-4,5];
b=[2,-1,-1,2];
n=length(A);L=eye(n,n); D=zeros(n); d=zeros(1,n); T=zeros(n);
format compact                          % 采用无空行的紧凑格式输出
for k=1:n                               % 开始对 A 进行 Cholesky 分解
    d(k)=A(k,k);
    for j=1:k-1
        d(k)=d(k)-L(k,j)*T(k,j);        % 求出 d(k)
    end
    for i=k+1:n                         % 求矩阵 T(i,k)
        T(i,k)=A(i,k);
        for j=1:k-1
            T(i,k)=T(i,k)-T(i,j)*L(k,j);
        end
        L(i,k)=T(i,k)/d(k);             % 求出矩阵 L(i,k)
    end
end
y=zeros(n,1);
y(1)=b(1);
for k=2:n                               % 求出向量 y
    y(k)=b(k);
```

```
    for j=1:k-1
        y(k)=y(k)-L(k,j)*y(j);
    end
end
x=zeros(n,1);
x(n)=y(n)/d(n);
for k=n-1:-1:1                          % 求出向量 x
    x(k)=y(k)/d(k);
    for i=k+1:n
        x(k)=x(k)-L(i,k)*x(i);
    end
end
fprintf('方程组的解为：x=');
disp(x')
for i=1:n                               % 由向量 d 求出对角矩阵 D
    D(i,i)=d(i);
end
fprintf('\n 改进的 Cholesky 分解所得矩阵 L 与 D 分别为:\n');
L,D
```

```
>> ImCholesky↙
方程组的解为： x=     1.0000     1.0000     1.0000     1.0000

改进的 Cholesky 分解所得矩阵 L 与 D 分别为:
L =
    1.0000         0         0         0
   -0.8000    1.0000         0         0
    0.2000   -1.1429    1.0000         0
         0    0.3571   -1.3333    1.0000
D =
    5.0000         0         0         0
         0    2.8000         0         0
         0         0    2.1429         0
         0         0         0    0.8333
>>
```

3.4　三对角方程组的追赶法

3.4.1　知识要点

追赶法是求解系数矩阵为三对角矩阵的线性方程组的一种有效方法. 对于三

对角方程组 $\boldsymbol{Ax}=\boldsymbol{f}$，其中

$$\boldsymbol{A}=\begin{pmatrix} b_1 & c_1 & & & \\ a_2 & b_2 & c_2 & & \\ & \ddots & \ddots & \ddots & \\ & & a_{n-1} & b_{n-1} & c_{n-1} \\ & & & a_n & b_n \end{pmatrix},\quad \boldsymbol{f}=\begin{pmatrix} f_1 \\ f_2 \\ \vdots \\ f_{n-1} \\ f_n \end{pmatrix} \tag{3.21}$$

设系数矩阵 $\boldsymbol{A}$ 的 Crout 分解为 $\boldsymbol{A}=\boldsymbol{LU}$

$$\boldsymbol{L}=\begin{pmatrix} s_1 & & & & \\ r_2 & s_2 & & & \\ & \ddots & \ddots & & \\ & & r_{n-1} & s_{n-1} & \\ & & & r_n & s_n \end{pmatrix},\quad \boldsymbol{U}=\begin{pmatrix} 1 & t_1 & & & \\ & 1 & t_2 & & \\ & & \ddots & \ddots & \\ & & & 1 & t_{n-1} \\ & & & & 1 \end{pmatrix} \tag{3.22}$$

则由矩阵乘法可得二对角矩阵 $\boldsymbol{L}$ 和 $\boldsymbol{U}$ 各元素的计算公式

$$\begin{cases} s_1=b_1,\ \ t_1=c_1/s_1 \\ r_i=a_i,\ \ s_i=b_i-r_it_{i-1},\ \ t_i=c_i/s_i,\ \ i=2,3,\cdots,n-1 \\ r_n=a_n,\ \ s_n=b_n-r_nt_{n-1} \end{cases} \tag{3.23}$$

对三对角矩阵 $\boldsymbol{A}$ 作 Crout 分解后，求解原三对角方程组 $\boldsymbol{Ax}=\boldsymbol{f}$ 便等价于求解两个二对角方程组 $\boldsymbol{Ly}=\boldsymbol{f}$ 和 $\boldsymbol{Ux}=\boldsymbol{y}$. 求解公式分别为

$$\begin{cases} y_1=f_1/b_1 \\ y_k=(f_k-r_ky_{k-1})/s_k,\ \ k=2,3,\cdots,n \end{cases} \tag{3.24}$$

$$\begin{cases} x_n=y_n \\ x_k=y_k-t_kx_{k+1},\ \ k=n-1,n-2,\cdots,1 \end{cases} \tag{3.25}$$

由公式（3.23）—（3.25）求解方程组 $\boldsymbol{Ax}=\boldsymbol{f}$ 的方法称为三对角方程组的追赶法，其中利用公式（3.23）—（3.24）计算的过程称为追的过程，利用公式（3.25）计算的过程称为赶的过程. 追赶法求解过程中仅需 4 个一维数组存储方程组中的四个向量 $\boldsymbol{a}=(0,a_2,a_3,\cdots,a_n)$，$\boldsymbol{b}=(b_1,b_3,\cdots,b_n)$，$\boldsymbol{c}=(c_1,c_2,\cdots,c_{n-1},0)$ 和 $\boldsymbol{f}=(f_1,f_2,\cdots,f_n)$，求解公式简单，计算量与存储量都很小，是一种高效算法.

可以证明，具有式（3.21）形式的三对角矩阵 $\boldsymbol{A}$ 的元素如果满足：

（1）$|b_1|>|c_1|>0$；

（2）$a_ic_i\neq 0$，$|b_i|\geqslant|a_i|+|c_i|$，$i=2,3,\cdots,n-1$；

（3）$|b_n|>|a_n|>0$，

则三对角方程组 $\boldsymbol{Ax}=\boldsymbol{f}$ 存在唯一解，且求解 $\boldsymbol{Ax}=\boldsymbol{f}$ 的追赶法是数值稳定的.

3.4.2 算法描述

用追赶法求解三对角方程组的算法可描述如下：

算法 3-6：追赶法

1）输入构成三对角方程组系数矩阵的向量 $\boldsymbol{a}, \boldsymbol{b}, \boldsymbol{c}$ 及右端向量 $\boldsymbol{f}$，求出矩阵 $\boldsymbol{A}$ 的阶数 n.

2）求出二对角矩阵 $\boldsymbol{L}$ 和 $\boldsymbol{U}$ 的各元素：$s_1 = b_1$，$t_1 = c_1/s_1$；$r_i = a_i$, $s_i = b_i - r_i t_{i-1}$, $t_i = c_i/s_i$，$i = 2,3,\cdots,n-1$；　$r_n = a_n$ 和 $s_n = b_n - r_n t_{n-1}$.

3）求解方程组 $\boldsymbol{Ly} = \boldsymbol{f}$：$y_1 = f_1/b_1$；$y_k = (f_k - r_k y_{k-1})/s_k$，$i = 2,3,\cdots,n$.

4）求解方程组 $\boldsymbol{Ux} = \boldsymbol{y}$：$x_n = y_n$；$x_k = y_k - t_k x_{k+1}$，$k = n-1, n-2,\cdots,1$.

5）输出计算结果 $x_1, x_2, \cdots, x_n$.

6）结束.

3.4.3 编程实现举例

例 3-6　用追赶法求解方程组

$$\begin{cases} 2x_1 - x_2 = 6 \\ -x_1 + 3x_2 - 2x_3 = 1 \\ -2x_2 + 4x_3 - 2x_4 = 0 \\ -3x_3 + 5x_4 = 1 \end{cases}$$

解　Matlab 程序如下：

```
% ***********************************************************************
% 用追赶法求解三对角方程组程序 Chase.m
% =======================================================================
clear all; clc;
a=[0,-1,-2,-3];                          % 向量 a 的元素 a(1)=0
b=[2,3,4,5];
c=[-1,-2,-2,0];                          % 向量 c 的元素 c(n)=0
f=[6,1,0,1];
n=length(b);                             % 求出方程组未知数个数 n
y=zeros(n,1);x=y;
s(1)=b(1); t(1)=c(1)/s(1);
for i=2:n-1                              % 求二对角矩阵 L 和 U 的各元素
    r(i)=a(i);
    s(i)=b(i)-r(i)*t(i-1);
    t(i)=c(i)/s(i);
end
```

```
r(n)=a(n);
s(n)=b(n)-r(n)*t(n-1);
y(1)=f(1)/b(1);
for k=2:n
    y(k)=(f(k)-r(k)*y(k-1))/s(k);
end
x(n)=y(n);
for k=n-1:-1:1
    x(k)=y(k)-t(k)*x(k+1);
end
fprintf('方程组的解为: x=[');
for i=1:n
     fprintf('%9.5f',x(i));
end
fprintf('  ]\n')
```

```
>> Chase↙
方程组的解为: x=[  5.00000  4.00000  3.00000  2.00000  ]
>>
```

编程计算习题 3

3.1 已知线性方程组

$$\begin{pmatrix} 0.001 & 2.000 & 3.000 & -6.705 \\ -1.706 & 3.712 & 4.623 & 0.276 \\ -2.129 & 1.072 & 5.643 & 4.831 \\ 4.003 & 1.735 & -2.098 & -1.772 \end{pmatrix}\begin{pmatrix} x_1 \\ x_2 \\ x_3 \\ x_4 \end{pmatrix}=\begin{pmatrix} -4.022 \\ 2.098 \\ 3.421 \\ -1.923 \end{pmatrix}$$

求用 Gauss 列主元消去法完成对线性方程组增广矩阵第 1 列和第 3 列的消元后得到的增广矩阵，并求出线性方程组的解.

3.2 已知线性方程组

$$\begin{pmatrix} 2 & -1 & 4 & -3 & 1 \\ -1 & 1 & 2 & 1 & 3 \\ 4 & 2 & 3 & 3 & -1 \\ -3 & 1 & 3 & 2 & 4 \\ 1 & 3 & -1 & 4 & 4 \end{pmatrix}\begin{pmatrix} x_1 \\ x_2 \\ x_3 \\ x_4 \\ x_5 \end{pmatrix}=\begin{pmatrix} 11 \\ 14 \\ 4 \\ 16 \\ 18 \end{pmatrix}$$

（1）求出系数矩阵的 Doolittle 分解矩阵，并计算系数矩阵行列式的值.

（2）用 Doolittle 分解法求解方程组.

（3）利用 Doolittle 分解法程序求出下列矩阵 $\boldsymbol{A}$ 的 Crout 分解矩阵

$$\boldsymbol{A}=\begin{pmatrix} 8.12 & 2.37 & -1.55 & 2.84 \\ 0.59 & -6.22 & 0.87 & -2.41 \\ 2.52 & 3.56 & 1.98 & 3.66 \\ -1.69 & 3.21 & 4.12 & -3.24 \end{pmatrix}$$

3.3 用 Crout 分解法求解线性方程组

$$\begin{pmatrix} 6 & 5 & -2 & 5 \\ 9 & -1 & 4 & -1 \\ 3 & 4 & 2 & -2 \\ 3 & -9 & 0 & 2 \end{pmatrix}\begin{pmatrix} x_1 \\ x_2 \\ x_3 \\ x_4 \end{pmatrix}=\begin{pmatrix} -4 \\ 13 \\ 1 \\ 11 \end{pmatrix}$$

并求系数矩阵的 Crout 分解矩阵.

3.4 分别用 Cholesky 分解法和改进的 Cholesky 分解法求解方程组

$$\begin{pmatrix} 1 & 1 & 0 & 0 & 0 \\ 1 & 2 & 1 & 0 & 0 \\ 0 & 1 & 3 & 1 & 0 \\ 0 & 0 & 1 & 4 & 1 \\ 0 & 0 & 0 & 1 & 5 \end{pmatrix}\begin{pmatrix} x_1 \\ x_2 \\ x_3 \\ x_4 \\ x_5 \end{pmatrix}=\begin{pmatrix} 1 \\ 0 \\ 3 \\ 10 \\ -7 \end{pmatrix}$$

并给出系数矩阵的 Cholesky 分解矩阵 $\boldsymbol{L}_1$ 和改进的 Cholesky 分解矩阵 $\boldsymbol{L}_2$ 及对角矩阵组成的向量 $\boldsymbol{d}$.

3.5 用追赶法求解方程组

$$\begin{pmatrix} 2 & -1 & 0 & 0 & 0 \\ -1 & 2 & -1 & 0 & 0 \\ 0 & -1 & 2 & -1 & 0 \\ 0 & 0 & -1 & 2 & -1 \\ 0 & 0 & 0 & -1 & 2 \end{pmatrix}\begin{pmatrix} x_1 \\ x_2 \\ x_3 \\ x_4 \\ x_5 \end{pmatrix}=\begin{pmatrix} 1 \\ 0 \\ 0 \\ 0 \\ 7 \end{pmatrix}$$

并求出系数矩阵的 Crout 分解所得下二对角矩阵对角元组成的向量 $\boldsymbol{s}$.

第 4 章　线性方程组的迭代法

迭代法是除直接法外，求解线性方程组的又一类有效的数值方法，该方法用极限过程逐步逼近线性方程组的精确解，从而获得满足精度要求的近似解. 常用的迭代算法主要包括 Jacobi 迭代法、Gauss-Seidel 迭代法以及逐次超松弛迭代法.

4.1　Jacobi 迭代法

4.1.1　知识要点

给定 n 阶线性方程组 $\boldsymbol{Ax}=\boldsymbol{b}$，即

$$\begin{cases} a_{11}x_1+a_{12}x_2+\cdots+a_{1n}x_n=b_1 \\ a_{21}x_1+a_{22}x_2+\cdots+a_{2n}x_n=b_2 \\ \cdots\cdots \\ a_{n1}x_1+a_{n2}x_2+\cdots+a_{nn}x_n=b_n \end{cases} \tag{4.1}$$

设 $\boldsymbol{A}$ 非奇异且 $a_{ii}\neq 0\ (i=1,2,\cdots,n)$，则方程组（4.1）可化为与其等价的如下方程组

$$x_i=\frac{1}{a_{ii}}\left(b_i-\sum_{j=1,\,j\neq i}^{n}a_{ij}x_j\right),\quad i=1,2,\cdots,n$$

任取初始解向量 $\boldsymbol{x}^{(0)}=(x_1^{(0)},x_2^{(0)},\cdots,x_n^{(0)})^{\mathrm{T}}$，可构造迭代公式

$$x_i^{(k+1)}=\frac{1}{a_{ii}}\left(-\sum_{\substack{j=1\\ j\neq i}}^{n}a_{ij}x_j^{(k)}+b_i\right),\quad i=1,2,\cdots,n \tag{4.2}$$

将 $\boldsymbol{A}$ 分解为 $\boldsymbol{A}=\boldsymbol{D}-\boldsymbol{L}-\boldsymbol{U}$，其中

$$\boldsymbol{D}=\begin{pmatrix} a_{11} & & & \\ & a_{22} & & \\ & & \ddots & \\ & & & a_{nn} \end{pmatrix},-\boldsymbol{L}=\begin{pmatrix} 0 & & & & \\ a_{21} & 0 & & & \\ a_{31} & a_{32} & 0 & & \\ \vdots & \vdots & \ddots & \ddots & \\ a_{n1} & a_{n2} & \cdots & a_{n\,n-1} & 0 \end{pmatrix},-\boldsymbol{U}=\begin{pmatrix} 0 & a_{12} & a_{13} & \cdots & a_{1n} \\ & 0 & a_{23} & \cdots & a_{2n} \\ & & \ddots & \ddots & \vdots \\ & & & 0 & a_{n-1\,n} \\ & & & & 0 \end{pmatrix}$$

则方程组（4.1）可改写为

$$\boldsymbol{x}=\boldsymbol{D}^{-1}(\boldsymbol{L}+\boldsymbol{U})x+\boldsymbol{D}^{-1}\boldsymbol{b}$$

相应的迭代公式（4.2）可表示为

$$\boldsymbol{x}^{(k+1)} = \boldsymbol{B}_J \boldsymbol{x}^{(k)} + \boldsymbol{f}_J, \quad k = 0,1,2,\cdots \tag{4.3}$$

其中

$$\boldsymbol{B}_J = \boldsymbol{D}^{-1}(\boldsymbol{L}+\boldsymbol{U}), \quad \boldsymbol{f}_J = \boldsymbol{D}^{-1}\boldsymbol{b} \tag{4.4}$$

用公式（4.2）或（4.3）求解线性方程组（4.1）的方法称为解线性方程组的 Jacobi 迭代法，其中式（4.2）称为 Jacobi 迭代法的分量形式，式（4.3）称为 Jacobi 迭代法的矩阵形式. 式（4.4）中的 $\boldsymbol{B}_J$ 和 $\boldsymbol{f}_J$ 分别称为 Jacobi 迭代矩阵和迭代向量.

将方程组 $\boldsymbol{Ax}=\boldsymbol{b}$ 变形为等价的方程组 $\boldsymbol{x}=\boldsymbol{Bx}+\boldsymbol{f}$，可建立一般形式的迭代公式

$$\boldsymbol{x}^{(k+1)} = \boldsymbol{B}\boldsymbol{x}^{(k)} + \boldsymbol{f}, \quad k = 0,1,2,\cdots \tag{4.5}$$

一般形式的迭代公式（4.5）收敛的充要条件和充分条件分别由下面的定理给出.

迭代法收敛的充要条件定理　对于任意的初始解向量 $\boldsymbol{x}^{(0)}$，迭代公式（4.5）收敛的充要条件是迭代矩阵 $\boldsymbol{B}$ 的谱半径小于 1，即 $\rho(\boldsymbol{B})<1$.

迭代法收敛的充分条件定理　如果迭代矩阵 $\boldsymbol{B}$ 的某种范数满足 $\|\boldsymbol{B}\|<1$，则对任意初始向量 $\boldsymbol{x}^{(0)}$，由迭代公式（4.5）产生的向量序列收敛于方程组 $\boldsymbol{x}=\boldsymbol{Bx}+\boldsymbol{f}$ 的精确解 $\boldsymbol{x}^*$，且有误差估计式

$$\|\boldsymbol{x}^{(k)} - \boldsymbol{x}^*\| \leqslant \frac{\|\boldsymbol{B}\|}{1-\|\boldsymbol{B}\|}\|\boldsymbol{x}^{(k)} - \boldsymbol{x}^{(k-1)}\| \tag{4.6}$$

$$\|\boldsymbol{x}^{(k)} - \boldsymbol{x}^*\| \leqslant \frac{\|\boldsymbol{B}\|^k}{1-\|\boldsymbol{B}\|}\|\boldsymbol{x}^{(1)} - \boldsymbol{x}^{(0)}\| \tag{4.7}$$

根据式（4.6），对于给定的精度要求 ε，迭代公式（4.5）的迭代终止条件可表示为

$$\|\boldsymbol{x}^{(k)} - \boldsymbol{x}^{(k-1)}\| < \varepsilon$$

实际计算时上式中的向量范数通常取 ∞-范数，因而迭代终止条件为

$$\max_{1\leqslant i\leqslant n}\left|x_i^{(k+1)} - x_i^{(k)}\right| < \varepsilon \tag{4.8}$$

在迭代收敛的条件下，由式（4.7）和给定的精度要求 ε，还可估计出获得满足精度要求的解所需要的最少迭代次数 k，并可由下式计算迭代公式（4.5）的渐近收敛速度

$$R(\boldsymbol{B}) = -\ln\rho(\boldsymbol{B})$$

Jacobi 迭代法的收敛性除可根据迭代矩阵 $\boldsymbol{B}_J$ 的特性运用迭代法收敛的充要条件定理和充分条件定理判定外，也可根据线性方程组 $\boldsymbol{Ax}=\boldsymbol{b}$ 系数矩阵的特性，运用以下结论判别：

（1）如果 $\boldsymbol{A}$ 严格对角占优，则 Jacobi 迭代法收敛.

（2）如果 $\boldsymbol{A}$ 对称正定，$2\boldsymbol{D}-\boldsymbol{A}$ 也对称正定，则 Jacobi 迭代法收敛；若 $\boldsymbol{A}$ 对称正定，但 $2\boldsymbol{D}-\boldsymbol{A}$ 非正定，则 Jacobi 迭代法不收敛.

4.1.2　算法描述

用 Jacobi 迭代法求解线性方程组的算法如下：

算法 4-1：Jacobi 迭代法

1）输入线性方程组的系数矩阵 $\boldsymbol{A}$，右端向量 $\boldsymbol{b}$，解向量初值 $\boldsymbol{x}^{(0)}$，精度要求 ε，以及最大迭代次数 N，求出方阵 $\boldsymbol{A}$ 的阶数 n.

2）置迭代次数初值 $k=1$.

3）如果 $k>N$，输出出错提示信息，转步骤 7)；否则，转步骤 4）.

4）计算近似解 $x_i^{(k+1)}=\dfrac{1}{a_{ii}}\left(-\sum\limits_{\substack{j=1\\j\neq i}}^{n}a_{ij}x_j^{(k)}+b_i\right)\ (i,j=1,2,\cdots,n)$.

5）计算无穷范数 $\|\boldsymbol{x}^{(k+1)}-\boldsymbol{x}^{(0)}\|_\infty=\max\limits_{1\leqslant i\leqslant n}\left|x_i^{(k+1)}-x_i^{(0)}\right|$.

6）如果 $\|\boldsymbol{x}^{(k+1)}-\boldsymbol{x}^{(0)}\|_\infty<\varepsilon$，输出计算结果，转步骤 7)；否则，$\boldsymbol{x}^{(0)}=\boldsymbol{x}^{(k+1)}$，$k=k+1$，转步骤 3）.

7）结束.

4.1.3　编程实现举例

例 4-1　用 Jacobi 迭代法解线性方程组

$$\begin{pmatrix}5.1 & 1.8 & 1.3 & 0.9 & -1.5\\ 1.5 & 9.0 & -1.5 & 3.1 & -2.5\\ -1.2 & -2.5 & 11.0 & 1.5 & 2.0\\ 1.3 & -1.5 & 2.5 & 15.0 & -2.3\\ 1.4 & -1.7 & -1.5 & 3.6 & 12.5\end{pmatrix}\begin{pmatrix}x_1\\x_2\\x_3\\x_4\\x_5\end{pmatrix}=\begin{pmatrix}11.8\\8.6\\5.5\\15.5\\23.6\end{pmatrix}$$

取初始解向量 $\boldsymbol{x}^{(0)}=(0,0,0,0,0)^{\mathrm{T}}$，精度要求 $\varepsilon=1.0\times10^{-6}$，并列出各步的迭代结果.

解　首先，建立存储线性方程组数据的文本文件 JacobiData.txt

```
5
5.1     1.8     1.3     0.9    -1.5
1.5     9.0    -1.5     3.1    -2.5
-1.2   -2.5    11.0     1.5     2.0
1.3    -1.5     2.5    15.0    -2.3
```

1.4	−1.7	−1.5	3.6	12.5
11.8	8.6	5.5	15.5	23.6
0	0	0	0	0

其中第 1 行为系数矩阵的阶数 n，第 2—6 行为系数矩阵的元素，第 7 行与第 8 行分别为右端向量和初始解向量.

然后，编写 Matlab 程序如下：

```
% ******************************************************************
% 用 Jacobi 迭代法解线性方程组程序 Jacobi.m
% ==================================================================
clc; clear all;
N=1000; epsilon=1.0e-6;                   % 最大迭代次数和精度要求
fa=fopen('JacobiData.txt', 'rt');         % 为读取数据打开数据文件
n=fscanf(fa, '   %d', 1);                 % 读入方程组系数矩阵的阶数
A1=zeros(n,n); b=zeros(n,1);
A1=fscanf(fa, ' %f ', [n,n]);             % 读入方程组系数矩阵
b=fscanf(fa, ' %f ', [n,1]);              % 读入方程组的右端向量
x0=fscanf(fa, ' %f ', [n,1]);             % 读入解向量初值
fclose(fa);                               % 关闭打开的数据文件
A=A1';                                    % A1 的元素按列存放，A=A1'为系数矩阵
fprintf('  %d : ',0);                     % 列出第 0 步迭代的结果
for i=1:n
    fprintf('   %10.6f', x0(i));
end
fprintf('\n');
k=1;
while k <= N
    norm=0;
    for i=1:n
        x(i)=b(i);
        for j=1:n
            if j ~= i
                x(i) = x(i)-A(i, j)*x0(j);
            end
        end
        x(i)=x(i)/A(i,i);                 % 求出 x(i)的值
        temp=abs(x(i)-x0(i));             % 求无穷范数
        if temp>norm
            norm=temp;                    % 选 norm 的最大值(无穷范数)
        end
    end                                   % 第 i 步迭代结束
```

```
        fprintf('  %d : ',k);                    % 列出第 i 步迭代的结果
        for i=1:n
              fprintf('   %10.6f',x(i));
        end
        fprintf('\n');
        if norm < epsilon
            fprintf('方程组的解为 x=:');
            fprintf(' %9.6f ',x);
            fprintf('\n');
            return;
        else                                     % 未满足精度要求
            k=k+1;
            for i=1:n
                x0(i)=x(i);                      % 为下一次迭代提供初值
            end
        end
    end
    fprintf('\n 迭代%d 次后仍未求得满足精度的解.\n',N);
```

```
>> Jacobi↙
   0 :    0.000000    0.000000    0.000000    0.000000    0.000000
   1 :    2.313725    0.955556    0.500000    1.033333    1.888000
   2 :    2.221961    0.821786    0.485396    1.134526    1.521218
   3 :    2.147161    0.697908    0.497872    1.075296    1.482407
   4 :    2.186741    0.722074    0.476691    1.061361    1.492493
   5 :    2.189036    0.719549    0.486568    1.065424    1.492818
   6 :    2.186788    0.719503    0.485631    1.063376    1.492233
   7 :    2.187232    0.720265    0.485761    1.063633    1.492956
   8 :    2.187098    0.720325    0.485816    1.063759    1.492951
   9 :    2.187039    0.720311    0.485799    1.063767    1.492944
  10 :    2.187045    0.720314    0.485790    1.063773    1.492945
  11 :    2.187045    0.720309    0.485790    1.063774    1.492942
  12 :    2.187046    0.720308    0.485789    1.063773    1.492941
  13 :    2.187046    0.720308    0.485789    1.063773    1.492941
方程组的解为 x=: 2.187046   0.720308   0.485789   1.063773   1.492941
>>
```

评注　通过直接赋值方式获取线性方程组增广矩阵的各元素，虽然方法简单且直观，但用同一方法求解不同的线性方程组时，需要在源程序中修改相应的赋值语句. 当系数矩阵很大时，不仅输入过程繁琐，而且容易出错. 科学与工程计算中许多从大型复杂问题中导出的线性方程组的系数矩阵及右端向量往往是经其他数学方法处理后得到的数据，本身存储于数据文件，只要调用数据文件就可读取.

考虑到实际应用的需要，本章的程序从数据文件中读取解线性方程组需要的数据，其中系数矩阵、右端向量以及初始解向量既可如本例存储于一个数据文件，也可分别存储于不同的数据文件（见例 4-2 及例 4-3），求解不同的线性方程组时，可采用同一个程序，只修改数据文件中的相应数据即可.

4.2　Gauss-Seidel 迭代法

4.2.1　知识要点

在 Jacobi 迭代法收敛的前提下，新求出的分量 $x_1^{(k+1)}, x_2^{(k+1)}, \cdots, x_{i-1}^{(k+1)}$ 通常较旧分量 $x_1^{(k)}, x_2^{(k)}, \cdots, x_{i-1}^{(k)}$ 更接近方程组的精确解. 因此，每计算出一个新的分量后，就用新分量代替对应的旧分量进行迭代求解，可望加速迭代收敛. 根据这一思想，可将 Jacobi 迭代公式（4.2）修改为如下迭代公式

$$x_i^{(k+1)} = \frac{1}{a_{ii}}\left(-\sum_{j=1}^{i-1} a_{ij}x_j^{(k+1)} - \sum_{j=i+1}^{n} a_{ij}x_j^{(k)} + b_i\right),\quad i=1,2,\cdots,n \tag{4.9}$$

结合 4.1 节 $\boldsymbol{D}$，$\boldsymbol{L}$，以及 $\boldsymbol{U}$ 的定义，方程组（4.1）可用矩阵表示为

$$(\boldsymbol{D}-\boldsymbol{L})\boldsymbol{x}^{(k+1)} = \boldsymbol{U}\boldsymbol{x}^{(k)} + \boldsymbol{b}$$

相应的迭代公式（4.9）可表示为

$$\boldsymbol{x}^{(k+1)} = \boldsymbol{B}_G\boldsymbol{x}^{(k)} + \boldsymbol{f}_G,\quad k=0,1,2,\cdots \tag{4.10}$$

其中

$$\boldsymbol{B}_G = (\boldsymbol{D}-\boldsymbol{L})^{-1}\boldsymbol{U},\quad \boldsymbol{f}_G = (\boldsymbol{D}-\boldsymbol{L})^{-1}\boldsymbol{b} \tag{4.11}$$

用迭代公式（4.9）或（4.10）求解线性方程组（4.1）的方法称为 Gauss-Seidel 迭代法，其中式（4.9）和（4.10）分别称为 Gauss-Seidel 迭代法的分量形式和矩阵形式，式（4.11）中的 $\boldsymbol{B}_G$ 和 $\boldsymbol{f}_G$ 分别称为 Gauss-Seidel 迭代法的迭代矩阵和迭代向量. Gauss-Seidel 迭代法的迭代终止条件为

$$\max_{1\leqslant i\leqslant n}\left|x_i^{(k+1)} - x_i^{(k)}\right| < \varepsilon$$

Gauss-Seidel 迭代法的收敛性除可根据迭代矩阵 $\boldsymbol{B}_G$ 的特性运用一般形式的迭代公式（4.5）收敛的充要条件定理和充分条件定理判定外，也可根据线性方程组 $\boldsymbol{A}\boldsymbol{x}=\boldsymbol{b}$ 系数矩阵的特性，运用以下结论判定：

（1）如果 $\boldsymbol{A}$ 严格对角占优，则 Gauss-Seidel 迭代法收敛.

（2）如果 $\boldsymbol{A}$ 对称正定，则 Gauss-Seidel 迭代法收敛.

4.2.2　算法描述

用 Gauss-Seidel 迭代法求解线性方程组算法如下：

算法 4-2：Gauss-Seidel 迭代法

1）输入线性方程组的系数矩阵 $\boldsymbol{A}$，右端向量 $\boldsymbol{b}$，解向量初值 $\boldsymbol{x}^{(0)}$.

2）输入精度要求 ε，最大迭代次数 N，求出方阵 $\boldsymbol{A}$ 的阶数 n.

3）置迭代次数初值 $k=1$.

4）如果 $k>N$，输出出错提示信息，转步骤 8）；否则，转步骤 5）.

5）计算近似解 $x_i^{(k+1)}=\dfrac{1}{a_{ii}}\left(-\sum\limits_{j=1}^{i-1}a_{ij}x_j^{(k+1)}-\sum\limits_{j=i+1}^{n}a_{ij}x_j^{(k)}+b_i\right)\ (i,j=1,2,\cdots,n)$.

6）计算无穷范数 $\|\boldsymbol{x}^{(k+1)}-\boldsymbol{x}^{(0)}\|_\infty=\max\limits_{1\leqslant i\leqslant n}\left|x_i^{(k+1)}-x_i^{(0)}\right|$.

7）如果 $\|\boldsymbol{x}^{(k+1)}-\boldsymbol{x}^{(0)}\|_\infty<\varepsilon$，输出计算结果，转步骤 8）；否则，$\boldsymbol{x}^{(0)}=\boldsymbol{x}^{(k+1)}$，$k=k+1$，转步骤 4）.

8）结束.

4.2.3　编程实现举例

例 4-2　用 Gauss-Seidel 迭代法解线性方程组

$$\begin{pmatrix}5.1 & 1.8 & 1.3 & 0.9 & -1.5\\ 1.5 & 9.0 & -1.5 & 3.1 & -2.5\\ -1.2 & -2.5 & 11.0 & 1.5 & 2.0\\ 1.3 & -1.5 & 2.5 & 15.0 & -2.3\\ 1.4 & -1.7 & -1.5 & 3.6 & 12.5\end{pmatrix}\begin{pmatrix}x_1\\x_2\\x_3\\x_4\\x_5\end{pmatrix}=\begin{pmatrix}11.8\\8.6\\5.5\\15.5\\23.6\end{pmatrix}$$

取初始解向量 $\boldsymbol{x}^{(0)}=(0,0,0,0,0)^{\mathrm{T}}$，精度要求 $\varepsilon=1.0\times10^{-7}$，并统计迭代的次数.

解　首先，建立存储线性方程组系数矩阵的文本文件 GSDA.txt，其中第 1 行为系数矩阵的阶数 n.

```
5
5.1     1.8     1.3     0.9     -1.5
1.5     9.0     -1.5    3.1     -2.5
-1.2    -2.5    11.0    1.5     2.0
1.3     -1.5    2.5     15.0    -2.3
1.4     -1.7    -1.5    3.6     12.5
```

其次，建立存储方程组右端向量和初始解向量两组值的文本文件 GSDbx0.txt

11.8	8.6	5.5	15.5	23.6
0	0	0	0	0

最后，编写 Matlab 程序如下：

```
% ******************************************************************
% 用 Gauss-Seidel 迭代法解线性方程组程序 GaussSeidel.m
% ==================================================================
clc; clear all;
N=1000; epsilon=1.0e-7;                 % 最大迭代次数和精度要求
fA=fopen('GSDA.txt', 'rt');             % 为读取数据打开数据文件
fbx0=fopen('GSDbx0.txt', 'rt');         % 为读取数据打开数据文件
n=fscanf(fA, ' %d ', 1);                % 读入方程组系数矩阵的阶数
A1=zeros(n,n); b=zeros(n,1);
A1=fscanf(fA, ' %f ', [n,n]);           % 读入方程组系数矩阵
b=fscanf(fbx0, ' %f ', [n,1]);          % 读入方程组的右端向量
x0=fscanf(fbx0, ' %f ', [n,1]);         % 读入解向量初值
fclose('all');                          % 关闭打开的所有数据文件
A=A1';                                  % A1 的元素按列存放，A 为系数矩阵
k=1;
while k<=N
    norm=0;
    for i=1:n
        sum=0;
        for j=1:n
            if j>i
                sum = sum+A(i,j)*x0(j);
            elseif  j<i
                sum = sum +A(i,j)*x(j);
            end
        end
        x(i)=(b(i)-sum)/A(i,i);         % 求出 x(i)的值
        temp=abs(x(i)-x0(i));           % 求无穷范数
        if temp>norm
            norm=temp;                  % 选 norm 的最大值(无穷范数)
        end
    end                                 % 第 i 步迭代结束
    if norm < epsilon
        fprintf('方程组的解为 x=:');
        fprintf('%10.7f ',x);
        fprintf('\n 共迭代 %d 次\n ',k);
        return;
    else                                % 未满足精度要求
        k=k+1;
```

```
        for i=1:n
            x0(i)=x(i);                   % 为下一次迭代提供初值
        end
    end
end
fprintf('\n 迭代%d 次后仍未求得满足精度的解.\n',N);
```

```
>> GaussSeidel↙
方程组的解为 x=: 2.1870461  0.7203080  0.4857895  1.0637728  1.4929409
共迭代 13 次
>>
```

4.3　逐次超松弛迭代法

4.3.1　知识要点

用 Gauss-Seidel 迭代法求出分量 $x_i^{(k+1)}$ $(i=1,2,\cdots,n)$ 后，将其记为 $\tilde{x}_i^{(k+1)}$，即

$$\tilde{x}_i^{(k+1)}=\frac{1}{a_{ii}}\left(b_i-\sum_{j=1}^{i-1}a_{ij}x_j^{(k+1)}-\sum_{j=i+1}^{n}a_{ij}x_j^{(k)}\right) \tag{4.12}$$

再选取参数 ω 对 $\tilde{x}_i^{(k+1)}$ 与 $x_i^{(k)}$ 进行加权平均，将所得结果作为 $x_i^{(k+1)}$ 的值，即

$$x_i^{(k+1)}=\omega\tilde{x}_i^{(k+1)}(1-\omega)x_I^{(k)}=x_i^{(k)}+\omega\left(\tilde{x}_i^{(k+1)}-x_i^{(k)}\right) \tag{4.13}$$

整理式（4.12）与式（4.13）可得迭代公式

$$x_i^{(k+1)}=(1-\omega)x_i^{(k)}+\frac{\omega}{a_{ii}}\left(b_i-\sum_{j=1}^{i-1}a_{ij}x_j^{(k+1)}-\sum_{j=i+1}^{n}a_{ij}x_j^{(k)}\right),\quad k=0,1,2,\cdots,n \tag{4.14}$$

结合 4.1 节 $\boldsymbol{D}, \boldsymbol{L}$，以及 $\boldsymbol{U}$ 的定义，迭代公式（4.14）可用矩阵表示为

$$\boldsymbol{x}^{(k+1)}=\boldsymbol{B}_\omega\boldsymbol{x}^{(k)}+\boldsymbol{f}_\omega,\quad k=0,1,2,\cdots,n \tag{4.15}$$

其中

$$\boldsymbol{B}_\omega=(\boldsymbol{D}-\omega\boldsymbol{L})^{-1}\left[(1-\omega)\boldsymbol{D}+\omega\boldsymbol{U}\right],\quad \boldsymbol{f}_\omega=\omega(\boldsymbol{D}-\omega\boldsymbol{L})^{-1}\boldsymbol{b} \tag{4.16}$$

用迭代公式（4.14）或（4.15）求方程组（4.1）的方法称为解线性方程组的逐次超松弛迭代法，简称为 SOR（Stepwise Over-Relaxation）方法，其中式（4.14）和（4.15）分别称为逐次超松弛迭代法的分量形式和矩阵形式. 式（4.16）中的 $\boldsymbol{B}_\omega$ 和 $\boldsymbol{f}_\omega$ 分别称为逐次超松弛迭代法的迭代矩阵和迭代向量，参数 ω 称为松弛因子.

为了利用一般形式的迭代公式（4.5）收敛的充要条件定理或充分条件定理判定逐次超松弛迭代法的收敛性，需要计算迭代矩阵 $\boldsymbol{B}_\omega$ 的谱半径或某种范数，因而

需要确定松弛因子 ω 的值. 可以证明，逐次超松弛迭代法收敛的必要条件是松弛因子 ω 须满足 $0<\omega<2$. 当 $1<\omega<2$ 时，ω 称为超松弛因子；当 $\omega=1$ 时，逐次超松弛迭代法就是 Gauss-Seidel 迭代法；而当 $0<\omega<1$ 时，ω 称为低松弛因子.

逐次超松弛迭代法的收敛性除可根据迭代矩阵 $\boldsymbol{B}_\omega$ 的特性运用迭代法收敛的充要条件定理和充分条件定理判定外，也可根据线性方程组 $\boldsymbol{Ax}=\boldsymbol{b}$ 系数矩阵的特性，运用以下结论判定：

（1）如果 $\boldsymbol{A}$ 严格对角占优，且 $0<\omega\leqslant 1$，则解 $\boldsymbol{Ax}=\boldsymbol{b}$ 的逐次超松弛迭代法收敛.

（2）如果 $\boldsymbol{A}$ 对称正定，且 $0<\omega<2$，则解 $\boldsymbol{Ax}=\boldsymbol{b}$ 的逐次超松弛迭代法收敛.

逐次超松弛迭代法可视为 Gauss-Seidel 迭代法的一种加速，选择恰当的松弛因子可大幅度减少迭代次数. 因此，选取较优的松弛因子是应用 SOR 方法求解线性方程组时面临的重要问题. 研究表明，当线性方程组 $\boldsymbol{Ax}=\boldsymbol{b}$ 的系数矩阵 $\boldsymbol{A}$ 为对称正定的三对角矩阵时，使逐次超松弛迭代法收敛速度最快的最佳松弛因子 ω_{opt} 为

$$\omega_{\text{opt}}=\frac{2}{1+\sqrt{1-\left[\rho(\boldsymbol{B}_J)\right]^2}}$$

其中 $\rho(\boldsymbol{B}_J)$ 为 Jacobi 迭代法迭代矩阵的谱半径.

实际计算过程中，往往通过反复尝试来确定较理想的松弛因子.

4.3.2 算法描述

用逐次超松弛迭代法（SOR 方法）求解线性方程组算法如下：

算法 4-3：逐次超松弛迭代法（SOR 方法）

1）输入线性方程组的系数矩阵 $\boldsymbol{A}$，右端向量 $\boldsymbol{b}$，解向量初值 $\boldsymbol{x}^{(0)}$，松弛因子 ω，精度要求 ε，最大迭代次数 N，求出方阵 $\boldsymbol{A}$ 的阶数 n.

2）置迭代次数 $k=1$.

3）如果 $k>N$，输出出错提示信息，转步骤 7）；否则，转步骤 4）.

4）计算近似解 $x_i^{(k+1)}=(1-\omega)x_i^{(k)}+\dfrac{\omega}{a_{ii}}\left(b_i-\sum\limits_{j=1}^{i-1}a_{ij}x_j^{(k+1)}-\sum\limits_{j=i+1}^{n}a_{ij}x_j^{(k)}\right)$.

5）计算无穷范数 $\|\boldsymbol{x}^{(k+1)}-\boldsymbol{x}^{(0)}\|_\infty=\max\limits_{1\leqslant i\leqslant n}\left|x_i^{(k+1)}-x_i^{(0)}\right|$.

6）如果 $\|\boldsymbol{x}^{(k+1)}-\boldsymbol{x}^{(0)}\|_\infty<\varepsilon$，输出计算结果，转步骤 7）；否则，$\boldsymbol{x}^{(0)}=\boldsymbol{x}^{(k+1)}$，$k=k+1$，转步骤 3）.

7）结束.

4.3.3　编程实现举例

例 4-3　用逐次超松弛迭代法（SOR 方法）解线性方程组

$$\begin{pmatrix} 4 & -1 & 0 & -1 & 0 & 0 \\ -1 & 4 & -1 & 0 & -1 & 0 \\ 0 & -1 & 4 & -1 & 0 & -1 \\ -1 & 0 & -1 & 4 & -1 & 0 \\ 0 & -1 & 0 & -1 & 4 & -1 \\ 0 & 0 & -1 & 0 & -1 & 4 \end{pmatrix}\begin{pmatrix} x_1 \\ x_2 \\ x_3 \\ x_4 \\ x_5 \\ x_6 \end{pmatrix}=\begin{pmatrix} 0 \\ 5 \\ -2 \\ 5 \\ -2 \\ 6 \end{pmatrix}$$

要求取初始解向量 $\boldsymbol{x}^{(0)}=(0,0,0,0,0,0)^{\mathrm{T}}$，精度 $\varepsilon=0.5\times10^{-8}$，并比较松弛因子取不同值时对应的迭代次数.

解　首先，建立存储线性方程组系数矩阵的文本文件 SorDA.txt，其中第 1 行为系数矩阵的阶数 n.

```
6
4    -1    0    -1    0    0
-1    4   -1     0   -1    0
0    -1    4    -1    0   -1
-1    0   -1     4   -1    0
0    -1    0    -1    4   -1
0     0   -1     0   -1    4
```

其次，建立存储线性方程组右端向量的文本文件 SorDb.txt

```
0    5    -2    5    -2    6
```

再次，建立存储线性方程组初始解向量的文本文件 SorDx0.txt

```
0    0    0    0    0    0
```

最后，建立 Matlab 程序如下：

```
% ****************************************************************
% 用 SOR 迭代法解线性方程组程序 SOR.m
% ================================================================
clc; clear all;
N=1000; epsilon=0.5e-8;                % 最大迭代次数和精度要求
omega=input('请输入松弛因子 omega= ');
fA=fopen('SorDA.txt', 'rt');           % 为读取数据打开数据文件
fb=fopen('SorDb.txt', 'rt');           % 为读取数据打开数据文件
fx0=fopen('SorDx0.txt', 'rt');         % 为读取数据打开数据文件
n=fscanf(fA, ' %d', 1);                % 读入方程组系数矩阵的阶数
```

```
A1=zeros(n,n);
b=zeros(n,1);
A1=fscanf(fA, ' %f ', [n,n]);          % 读入方程组系数矩阵
b=fscanf(fb, ' %f ', [n,1]);           % 读入方程组的右端向量
x0=fscanf(fx0, ' %f ', [n,1]);         % 读入解向量初值
fclose('all');                         % 关闭打开的所有数据文件
A=A1';                                 % A 为系数矩阵
k=1;
while k<=N
    norm=0;
    for i=1:n
        sum=0;
        for j=1:n
            if  j > i
                sum = sum+A(i,j)*x0(j);
            elseif  j<i
                sum = sum +A(i,j)*x(j);
            end
        end
        x(i)=(1-omega)*x0(i)+omega*(b(i)-sum)/A(i,i);
        temp=abs(x(i)-x0(i));
        if temp>norm                   % 求无穷范数
            norm=temp;
        end
    end
    if norm < epsilon
        fprintf('方程组的解为 x=:');
        fprintf('%9.8f ',x);
        fprintf('\n 共迭代 %d 次\n ',k);
        return;
    else                               % 未满足精度要求
        k=k+1;
        for i=1:n
            x0(i)=x(i);                % 为下一次迭代提供初值
        end
    end
end
fprintf('迭代 %d 次后仍未求得满足精度的解.\n',N);
```

```
>> Sor↙
请输入松弛因子 omega= 0.25
方程组的解为 x=:0.99999996 1.99999995 0.99999995 1.99999995 0.99999995
            1.99999997
共迭代 191 次
>> Sor↙
请输入松弛因子 omega= 0.8
方程组的解为 x=:1.00000000 1.99999999 0.99999999 2.00000000 1.00000000
            2.00000000
共迭代 44 次
>> Sor↙
请输入松弛因子 omega= 1.2
方程组的解为 x=:1.00000000 2.00000000 1.00000000 2.00000000 1.00000000
            2.00000000
共迭代 18 次
>> Sor↙
请输入松弛因子 omega= 1.8
方程组的解为 x=:1.00000000 2.00000000 1.00000000 2.00000000 1.00000000
            2.00000000
共迭代 110 次
>>
```

在给定计算精度的条件下，逐次超松弛迭代法的迭代次数先随松弛因子的增大而减小，当松弛因子达到最佳值后，迭代次数又随松弛因子的增大而增大（图 4-1）.

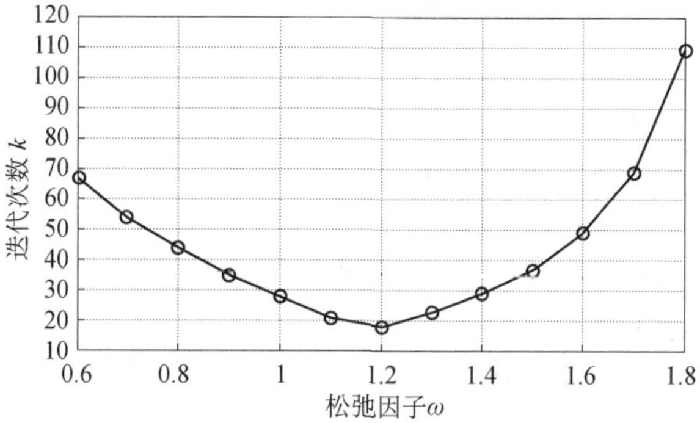

图 4-1　逐次超松弛迭代法的迭代次数与松弛因子的关系

编程计算习题 4

4.1 分别用 Jacobi 迭代法和 Gauss-Seidel 迭代法解线性方程组 $\boldsymbol{Ax}=\boldsymbol{b}$，其中

$$A=\begin{pmatrix}10 & -1 & 2 & 0\\ -1 & 11 & -1 & 3\\ 2 & -1 & 10 & -1\\ 0 & 3 & -1 & 8\end{pmatrix},\quad b=\begin{pmatrix}6\\ 25\\ 23\\ 15\end{pmatrix}$$

要求取初始解向量 $x^{(0)}=(0,0,0,0)^{\mathrm{T}}$，精度 $\varepsilon=1.0\times10^{-6}$，并比较两种迭代法的迭代次数.

4.2 用 Gauss-Seidel 迭代法解方程组

$$\begin{pmatrix}0.76 & -0.01 & -0.14 & -0.16\\ -0.01 & 0.88 & -0.03 & 0.05\\ -0.14 & -0.03 & 1.01 & -0.12\\ -0.16 & 0.05 & -0.12 & 0.72\end{pmatrix}\begin{pmatrix}x_1\\ x_2\\ x_3\\ x_4\end{pmatrix}=\begin{pmatrix}0.68\\ 1.18\\ 0.12\\ 0.74\end{pmatrix}$$

要求取初始解向量 $x^{(0)}=(0,0,0,0)^{\mathrm{T}}$，精度 $\varepsilon=1.0\times10^{-5}$，并统计迭代的次数.

4.3 已知线性方程组 $Ax=b$ 的系数矩阵和右端向量分别存放于文本文件 GSData.txt 和 GSDatabx0.txt，取初始解向量 $x^{(0)}=(0,0,0,0,0,0)^{\mathrm{T}}$，精度要求 $\varepsilon=0.5\times10^{-8}$，用 Gauss-Seidel 迭代法求方程组的解，并统计迭代的次数.

文本文件 GSData.txt 内容如下，其中第 1 行为系数矩阵的阶数，

```
 6
 4   -1    0   -1    0    0
-1    4   -1    0   -1    0
 0   -1    4   -1    0   -1
-1    0   -1    4   -1    0
 0   -1    0   -1    4   -1
 0    0   -1    0   -1    4
```

文本文件 GSDatabx0.txt 内容如下：

```
0    5    -2    5    -2    6
```

4.4 给定线性方程组 $Ax=b$

$$A=\begin{pmatrix}10 & 3 & 1 & -5\\ 1 & 8 & -3 & -2\\ 3 & 2 & -8 & 1\\ -2 & -1 & 2 & -7\end{pmatrix},\quad b=\begin{pmatrix}-7\\ 11\\ -23\\ 17\end{pmatrix}$$

取松弛因子 $\omega=0.75,1.0,1.25,1.45$，用逐次超松弛迭代法求方程组的解，要求取初始解向量 $x^{(0)}=(0,0,0,0)^{\mathrm{T}}$，精度 $\varepsilon=1.0\times10^{-6}$，并统计不同松弛因子对应的迭

代次数.

4.5 用逐次超松弛迭代法解下列线性方程组

$$\begin{pmatrix} -4 & 1 & 1 & 1 \\ 1 & -4 & 1 & 1 \\ 1 & 1 & -4 & 1 \\ 1 & 1 & 1 & -4 \end{pmatrix}\begin{pmatrix} x_1 \\ x_2 \\ x_3 \\ x_4 \end{pmatrix}=\begin{pmatrix} 1 \\ 1 \\ 1 \\ 1 \end{pmatrix}$$

要求取初始解向量 $\boldsymbol{x}^{(0)}=(0,0,0,0)^{\mathrm{T}}$，精度满足 $\varepsilon=0.5\times10^{-6}$，松弛因子 $\omega=1.0, 1.1,\cdots,1.9$，列出松弛因子 ω 与迭代次数 k 的对应关系表.

第 5 章　插值法与拟合法

如果一个函数 $y = f(x)$ 的解析式未知或虽已知，但函数值无法或不易计算，则可利用反映变量 x 与 y 变化关系的有限个已知离散点，构造一个既能反映 x 与 y 关系又便于计算的简单函数作为 $y = f(x)$ 的近似函数，通过计算近似函数的值获得函数 $f(x)$ 的近似值，这种处理数据的方法称为数据建模. 多项式有诸多好的性质，是构造近似函数时主要的选择形式.

数据建模方法包括插值法和拟合法两类，常用的插值法有 Lagrange 法、Newton 法、分段线性法、分段三次 Hermite 法、三次样条法等；常用的拟合法主要是最小二乘拟合法. 插值法一般用于已知数据较准确或已知数据量不大的情形；拟合法则主要用于已知数据有一定的误差或已知数据量较大的情形.

5.1　Lagrange 插值法

5.1.1　知识要点

设 $y = f(x)$ 是区间 $[a,b]$ 上的连续函数，$f(x)$ 在 $[a,b]$ 上的 n+1 个互异的已知点 $a \leqslant x_0 < x_1 < \cdots < x_{n-1} < x_n \leqslant b$ 处的函数值分别为 $y_i = f(x_i)(i = 0,1,\cdots,n)$，如果能够构造一个 n 次多项式

$$p_n(x) = a_0 + a_1 x + a_2 x^2 + \cdots + a_n x^n \tag{5.1}$$

使得

$$p_n(x_i) = y_i = f(x_i), \quad i = 0,1,\cdots,n \tag{5.2}$$

则称区间 $[a,b]$ 为插值区间，点 $x_i(i = 0,1,\cdots,n)$ 为插值节点，$f(x)$ 为被插函数，$p_n(x)$ 为 $f(x)$ 关于 $x_0,x_1,\cdots,x_n$ 的插值多项式，式（5.2）称为插值条件.

下面两个定理为构造插值多项式以及估计插值余项提供了基础：

插值多项式的存在唯一性定理　当 $f(x)$ 在 $[a,b]$ 上的 $n+1$ 个插值节点互异时，满足插值条件（5.2）的 n 次插值多项式（5.1）存在且唯一.

插值余项定理　设函数 $f(x)$ 在 $[a,b]$ 上的 n 阶导数连续，$f^{(n+1)}(x)$ 在区间 (a,b) 内存在，则对任意 $x \in [a,b]$，插值多项式 $p_n(x)$ 的余项 $R_n(x) = f(x) - p_n(x)$ 为

$$R_n(x) = \frac{f^{(n+1)}(\xi)}{(n+1)!}\prod_{i=1}^{n}(x - x_i) \tag{5.3}$$

其中 $\xi \in (a,b)$，ξ 与 x 有关.

以上两个定理表明：满足插值条件（5.2）的各种形式的插值多项式相互恒等；插值余项公式（5.3）对满足插值条件（5.2）的各种形式的插值多项式都成立.

已知 $n+1$ 个互异的插值节点 x_i $(i=0,1,\cdots,n)$ 及其函数值 $y_i = f(x_i)$，可以构造被插函数 $f(x)$ 关于插值节点 $x_0, x_1, \cdots, x_n$ 的 n 阶插值多项式如下

$$L_n(x) = \sum_{i=0}^{n} l_i(x) y_i = \sum_{i=0}^{n} \frac{(x-x_0)(x-x_1)\cdots(x-x_{i-1})(x-x_{i+1})\cdots(x-x_n)}{(x_i-x_0)(x_i-x_1)\cdots(x_i-x_{i-1})(x_i-x_{i+1})\cdots(x_i-x_n)} y_i \tag{5.4}$$

其中 $l_i(x)$ 为关于插值节点 $x_j(j=0,1,\cdots,n)$ 的 n 次插值基函数，满足

$$l_i(x_j) = \begin{cases} 1, & j=i \\ 0, & j \neq i \end{cases} \tag{5.5}$$

式（5.4）称为 n 次 Lagrange 插值多项式，由式（5.4）—（5.5）构造插值多项式的方法称为 Lagrange 插值法.

设 $f(x)$ 满足插值余项定理条件，且对任意 $x \in (a,b)$，存在常数 $M_{n+1} > 0$，有 $\left|f^{(n+1)}(x)\right| \leqslant M_{n+1}$，则 Lagrange 插值多项式的误差估计式为

$$|R_n(x)| \leqslant \frac{M_{n+1}}{(n+1)!} |(x-x_0)(x-x_1)\cdots(x-x_n)| \tag{5.6}$$

Lagrange 插值公式构造简单，形式对称，编程方便，但也有明显的不足之处：每增加或减少一个插值节点，不仅要改变插值多项式的项数，而且原来的各项都要发生改变，需要重新构造各个插值基函数及插值多项式的各项.

5.1.2　算法描述

用 Lagrange 插值法计算被插函数在点 $xx_0 \in [x_0, x_n]$ 处近似值的算法如下：

算法 5-1：Lagrange 插值法

1）输入各个插值节点 x_i 及其对应的函数值 y_i，输入点 xx_0.

2）求出插值节点个数 n 及其对应的函数值个数 m.

3）如果 $m \neq n$，输出出错提示信息，转步骤 7)；否则，转步骤 4）.

4）如果某两个插值节点相同，输出出错提示信息，转步骤 7)；否则，转步骤 5）.

5）利用 Lagrange 插值公式计算 $L_n(xx_0) = \sum_{i=0}^{n} \left(\prod_{\substack{j=0 \\ j\neq i}}^{n} \frac{xx_0 - x_j}{x_i - x_j} \right) y_i$.

6）输出计算结果 $L_n(xx_0)$.

7）结束.

5.1.3　编程实现举例

例 5-1　已知数据表（表 5-1）：

表 5-1　例 5-1 的数据表

k	0	1	2	3	4	5
x	$-\pi/2$	0	$\pi/2$	$3\pi/4$	$6\pi/5$	$3\pi/2$
$y=\sin x$	−1.0	0.0	1.0	0.7071	−0.5878	−1.0

用 Lagrange 插值法计算 $\sin\dfrac{\pi}{7}$ 及 $\sin\dfrac{9\pi}{10}$ 的近似值，绘出正弦函数在 $\left[-\dfrac{\pi}{2}, \dfrac{3\pi}{2}\right]$ 的图像，并标注各已知数据点和求出的数据点.

解　Matlab 程序如下：

```
% ***************************************************************
% 用 Lagrange 插值法计算被插函数在 x=xx0 和 x=xx1 处的近似值程序 Lagrange.m
% ===============================================================
clear all; clc;
X=pi*[-1/2,0,1/2,3/4,6/5,3/2];
Y=[-1.0, 0,1.0, 0.7071, -0.5878, -1.0];
xx0=pi/7; xx1=9*pi/10;
n=length(X); m=length(Y);
if n ~= m
    disp('向量 X 与 Y 的维数不相同，不能构造 Lagrange 插值多项式！');
    return
end
yy0=0;yy1=0;
for i=1:n
    temp0=Y(i);temp1=Y(i);
    for j=1:n
        if j ~= i
            if abs(X(i)-X(j))<eps;
                disp('数据有误，插值节点必须互异！');
                return
            end
            temp0=temp0*(xx0-X(j))/(X(i)-X(j));
            temp1=temp1*(xx1-X(j))/(X(i)-X(j));
        end
    end
    yy0=yy0+temp0; yy1=yy1+temp1;
end
fprintf('Lagrange 插值多项式在 xx0= %f 的值为%f\n',xx0,yy0);
fprintf('\nLagrange 插值多项式在 xx1= %f 的值为%f\n',xx1,yy1);
```

```
f=@sin;                                  % 通过匿名函数定义正弦函数
fplot(f,[-pi/2,3*pi/2]);                 % 在[-pi/2,3*pi/2]绘制正弦曲线
xlabel('变量 x'); ylabel('变量 y');      % 添加 x 轴及 y 轴说明
text(3.05,0.25,'y=sinx');                % 在指定位置添加图形说明
hold on;                                 % 设置图形保持状态
plot(X,Y,'ko');                          % 用黑色圆圈标出已知各离散点
plot(xx0,yy0,'r^',xx1,yy1,'r^');         % 用红色朝上三角符号标出求出的数据点
legend('正弦曲线','已知点','求出的点');  % 添加图例
grid on                                  % 添加网格线
hold off                                 % 关闭图形保持
```

```
>>Lagrangeip↙
Lagrange 插值多项式在 xx0= pi/7 的值为 0.463292

Lagrange 插值多项式在 xx1= 9*pi/10 的值为 0.322027
>>
```

绘出的图像及标注的数据点见图 5-1.

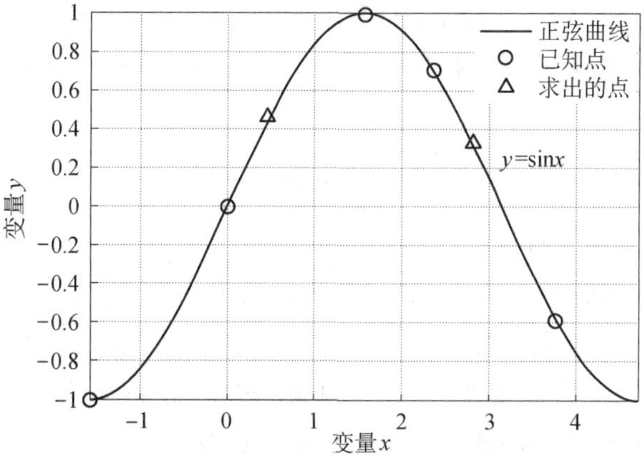

图 5-1　正弦函数在 $\left[-\frac{\pi}{2},\frac{3\pi}{2}\right]$ 的图像及各个已知的和求出的数据点

5.2　Newton 插值法

5.2.1　知识要点

Newton 插值法是基于差商构造的一种插值法. 设 $y=f(x)$ 是区间 $[a,b]$ 上的连续函数， $f(x)$ 在 $[a,b]$ 上 $n+1$ 个互异的插值节点 $a\leqslant x_0<x_1<\cdots<x_{n-1}<x_n\leqslant b$ 处的函数值为 $y_i=f(x_i)(i=0,1,\cdots,n)$，则被插函数 $f(x)$ 关于插值节点 $x_0,x_1,\cdots,x_n$ 的 n

次 Newton 插值多项式如下

$$N_n(x)=f[x_0]+f[x_0,x_1]\cdot(x-x_0)+f[x_0,x_1,x_2]\cdot(x-x_0)\cdot(x-x_1)$$
$$+\cdots+f[x_0,x_1,\cdots,x_n]\cdot(x-x_0)\cdot(x-x_1)\cdots(x-x_{n-1}) \tag{5.7}$$

其中 $f[x_0,x_1,\cdots,x_k]$ 为函数 $f(x)$ 关于 k+1 个节点 $x_0,x_1,\cdots,x_k$ 的 k 阶差商：

$$f[x_0,x_1,\cdots,x_k]=\frac{f[x_1,x_2,\cdots,x_k]-f[x_0,x_1,\cdots,x_{k-1}]}{x_k-x_0},\quad 1\leqslant k\leqslant n \tag{5.8}$$

$f(x)$ 关于节点 x_k 的零阶差商 $f[x_k]$ 补充定义为函数值 $f(x_k)$，即 $f[x_k]=f(x_k)$.
可以验证，式（5.7）满足插值条件（5.2），即

$$N_n(x_i)=y_i=f(x_i),\quad i=0,1,\cdots,n \tag{5.9}$$

$f(x)$ 关于 $x_0,x_1,\cdots,x_n$ 的 n 次 Newton 插值多项式的插值余项为

$$R_n(x)=f[x_0,x_1,\cdots,x_n,x](x-x_0)(x-x_1)\cdots(x-x_n)$$
$$=f[x_0,x_1,\cdots,x_n,x]\prod_{i=0}^{n}(x-x_i) \tag{5.10}$$

由式（5.7）和式（5.8）构造插值多项式的方法称为 Newton 插值法. 根据插值多项式的存在唯一性定理，Newton 插值多项式与 Lagrange 插值多项式是同一多项式的不同形式，具有相同的插值余项. 比较式（5.3）与式（5.10）可得差商与导数的关系：

$$f[x_0,x_1,\cdots,x_n]=\frac{f^{(n)}(\xi)}{n!} \tag{5.11}$$

其中 $\xi\in[a,\ b]$，ξ 与 x 有关.

n 次 Newton 插值多项式各项的系数为函数 $f(x)$ 的 $0,1,2,\cdots,n$ 阶差商，每增加一个插值节点，只需计算由新节点产生的一个增加项，而不必如 Lagrange 插值多项式那样重新计算插值多项式的各项. 因此，Newton 插值多项式具有递推性质.

构造 Newton 插值多项式时，可按列递推计算各阶差商，并将其列为差商表（表 5-2），再根据差商表便可写出 Newton 插值多项式.

表 5-2　差商表

节点	0 阶差商	1 阶差商	2 阶差商	3 阶差商	4 阶差商	$\cdots$
x_0	$f[x_0]$					
x_1	$f[x_1]$	$f[x_0,x_1]$				
x_2	$f[x_2]$	$f[x_1,x_2]$	$f[x_0,x_1,x_2]$			
x_3	$f[x_3]$	$f[x_2,x_3]$	$f[x_1,x_2,x_3]$	$f[x_0,x_1,x_2,x_3]$		
x_4	$f[x_4]$	$f[x_3,x_4]$	$f[x_2,x_3,x_4]$	$f[x_1,x_2,x_3,x_4]$	$f[x_0,x_1,x_2,x_3,x_4]$	
$\vdots$	$\vdots$	$\vdots$	$\vdots$	$\vdots$	$\vdots$	$\ddots$

5.2.2 算法描述

用 Newton 插值法计算被插函数在点 $xx_0 \in [x_0, x_n]$ 处近似值的算法如下：

算法 5-2：Newton 插值法

1）输入各个插值节点 x_i 及其对应的函数值 y_i，输入点 xx_0.

2）求出插值节点个数 n 及其对应的函数值个数 m.

3）如果 $m \neq n$，输出出错提示信息，转步骤 9)；否则，转步骤 4）.

4）计算 0 阶差商 $F[i,0] = f(x_i)\ (i = 1,2,\cdots,n)$.

5）如果某两个插值节点相同，输出出错提示信息，转步骤 9)；否则，转步骤 6）.

6）根据差商表计算 i 阶差商的第 j 个值：$F[j,i] = \dfrac{F[j,i-1]-F[j-1,i-1]}{x(j)-x(j-i+1)}$，其中 $i = 1,2,\cdots,n-1$； $j = i,i+1,\cdots,n-1$.

7）利用 Newton 插值公式，计算 $N_n(xx_0) = F[1,0] + F[2,1](xx_0 - x_1) + \cdots + F[n,n-1]\prod_{i=1}^{n-1}(xx_0 - x_i)$.

8）输出计算结果.

9）结束.

5.2.3 编程实现举例

例 5-2 已知数据表（表 5-3）：

表 5-3 例 5-2 的数据表

k	0	1	2	3	4	5
x	$-\pi$	$-2\pi/3$	$-\pi/3$	0	$\pi/2$	$3\pi/4$
$\cos x$	−1.0	−0.5	0.5	1.0	0.0	−0.7071

用 Newton 插值法计算 $\cos\left(-\dfrac{7\pi}{12}\right)$ 的近似值，并按降幂列出 Newton 插值多项式各项系数.

解 Matlab 程序如下：

```
% ********************************************************************
% 用 Newton 插值法计算被插函数在 x=xx0 处的近似值程序 Newtonip.m
% ====================================================================
clear all; clc;
```

```
x=pi*[-1, -2/3, -1/3, 0.0, 1/2, 3/4];
y=[-1.0, -0.5, 0.5, 1.0, 0.0, -0.7071];
xx0=input('请输入点 xx0= ');
n=length(x); m=length(y);
if n ~= m
    disp('向量 x 与 y 的维数不相同，不能构造 Newton 插值多项式！');
    return
end
for i=1:n                        % 计算 0 阶差商
    F(i,1)=y(i);                 % Matlab 中下标须从 1 开始，不能取 0
end
for i=2:n                        % 计算 i 阶差商
    for j=i:n
        if abs(x(j)-x(j-i+1))<eps;
            disp('数据有误，插值节点必须互异！');
            return
        end
        F(j,i)=(F(j,i-1)-F(j-1,i-1))/(x(j)-x(j-i+1));
    end
end
yy0=0; temp=1;
for i=1:n                        % 计算 Newton 插值多项式在 xx0 点的值
    yy0=yy0+F(i,i)*temp;
    temp=temp*(xx0-x(i));
end
fprintf('Newton 插值多项式在 xx0=%f 的值为 %f\n',xx0,yy0);
fprintf('按降幂排列，Newton 插值多项式各项系数依次为\n');
for i=n:-1:1
    fprintf('%12.6f',F(i,i));
end
fprintf('\n');
```

```
>>Newtonip↙
请输入点 xx0= -7*pi/12
Newton 插值多项式在 xx0=-1.832596 的值为 -0.252374
按降幂排列，Newton 插值多项式各项系数依次为
0.002448    0.019359    -0.145132    0.227973    0.477465    -1.000000
>>
```

5.3　分段线性插值法

5.3.1　知识要点

要提高插值多项式逼近被插函数的精度，一个直观的想法就是增加插值节点

个数，但这种方法将提高插值多项式的次数. 德国数学家 Runge 发现，高次插值的逼近效果并不一定理想，并在 1901 年给出了一个说明性例子：对于函数

$$f(x)=\frac{1}{1+x^2},\quad x\in[-5,\ 5] \tag{5.12}$$

将区间[−5, 5]分别 5 等分和 10 等分，构造插值多项式 $p_5(x)$ 和 $p_{10}(x)$，可以看到，$f(x)$ 与 $p_{10}(x)$ 的差居然要比 $f(x)$ 与 $p_5(x)$ 的差更大，尤其是在区间[−5, 5]的左右端点附近（图 5-2）. 插值多项式次数提高后插值余项反而增大的现象称为 Runge 现象.

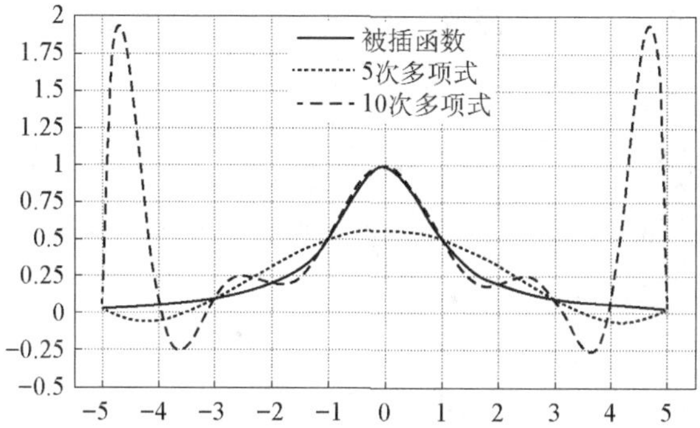

图 5-2　高阶插值的 Runge 现象示意图

为避免出现 Runge 现象，通常采用分段低次插值多项式构造插值函数，插值多项式的次数一般不超过 6 次.

设 $a=x_0<x_1<\cdots<x_n=b$，$y_i=f(x_i)$，满足如下条件的函数 $S_1(x)$ 称为函数 $f(x)$ 在区间 $[a,b]$ 上的分段线性插值函数：

（1）$S_1(x)$ 在每个子区间 $[x_i,x_{i+1}](i=0,1,\cdots,n-1)$ 上是线性插值函数；

（2）$S_1(x_i)=y_i(i=0,1,\cdots,n)$；

（3）$S_1(x)$ 在区间 $[a,b]$ 上连续.

分段线性插值函数 $S_1(x)$ 在每个子区间 $[x_i,x_{i+1}](i=0,1,\cdots,n-1)$ 上可表示为

$$S_1(x)=\frac{x-x_{i+1}}{x_i-x_{i+1}}y_i+\frac{x-x_i}{x_{i+1}-x_i}y_{i+1},\quad x\in[x_i,x_{i+1}] \tag{5.13}$$

其在插值区间 $[a,b]$ 上的误差估计式为

$$|R_1(x)|=|f(x)-S_1(x)|=\left|\frac{f''(\xi)}{2!}(x-x_i)(x-x_{i+1})\right|\leqslant\frac{h^2}{8}M_2 \tag{5.14}$$

其中 $h=\max\limits_{0\leqslant i\leqslant n-1}(x_{i+1}-x_i)$，$M_2=\max\limits_{x_0\leqslant x\leqslant x_n}|f''(x)|$，$\xi\in(x_i,x_{i+1})$.

由式（5.14）可知，当 $h \to 0$ 时，分段线性插值函数收敛于被插函数. 因此，只要每个子区间 $[x_i, x_{i+1}]$ $(i = 0,1,\cdots,n-1)$ 充分小，分段线性插值函数 $S_1(x)$ 在整个插值区间 $[a,b]$ 上将充分接近被插函数 $f(x)$. 用式（5.13）构造插值多项式的方法称为分段线性插值法.

分段线性插值函数 $S_1(x)$ 在几何上表现为一条连接各个节点 (x_i, y_i) 且逼近函数 $f(x)$ 的折线，该折线在区间 $[a,b]$ 上连续，但在各节点处的 1 阶导数一般不连续. 图 5-3 给出了被插函数 $f(x) = \dfrac{1}{1+x^2}$ 与将区间[−5, 5] 10 等分构造的分段线性插值多项式 $S_1(x)$ 在区间[−5, 5]上的图像.

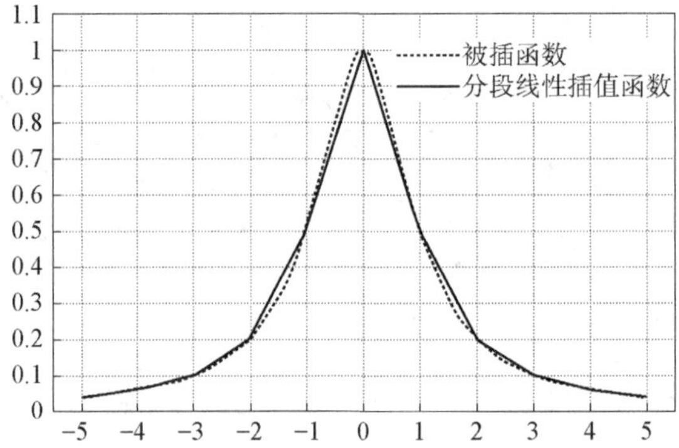

图 5-3　被插函数 $f(x) = \dfrac{1}{1+x^2}$ 与线性插值函数 $S_1(x)$

5.3.2　算法描述

用分段线性插值法计算被插函数在点 $xx_0 \in [x_0, x_n]$ 处函数值的算法如下：

算法 5-3：分段线性插值法

1）输入各个插值节点 x_i 和对应的函数值 $y_i = f(x_i)$，输入点 xx_0.

2）求出插值节点个数 n，取 $i=1$.

3）如果点 $xx_0 \notin [x_0, x_n]$，输出出错提示信息，转步骤 6）；否则，转步骤 4）.

4）如果 $xx_0 \in [x_i, x_{i+1}]$，计算 $S_1(xx_0) = (xx_0 - x_{i+1})/(x_i - x_{i+1})\,y_i + (xx_0 - x_i)/(x_{i+1} - x_i)\,y_{i+1}$，输出计算结果，转步骤 6）.

5）如果 $i \leqslant n-1$，$i = i+1$，转步骤 4）.

6）结束.

5.3.3　编程实现举例

例 5-3　已知函数 $f(x)=\dfrac{1}{1+x^2}$，将区间[−5, 5] 10 等分，计算分段线性插值函数 $S_1(x)$ 在各区间中点处的近似值及相对误差.

解　Matlab 程序如下：

```
% ********************************************************************
% 用分段线性插值法计算被插函数在 x=xx0 处的近似值及相对误差程序 Piecewiseip.m
% ====================================================================
clear all; clc;
x=linspace(-5,5,11);                         % 生成插值节点
y=1 ./(1+x.*x);                              % 求出插值节点的函数值
n=length(x);
for i=1:n-1
    xx0(i)=(x(i)+x(i+1))/2;                  % 求出各个区间中点坐标
    yy(i)=1/(1+xx0(i)*xx0(i));               % 求出各个中点的函数值
end
fprintf('序号  中点横坐标      S1(xi)        f(xi)        相对误差\n');
for j=1:n-1
    for i=1:n-1
        if x(i)<=xx0(j) & xx0(j) < x(i+1)
            yy01=y(i)*(xx0(j)-x(i+1))/(x(i)-x(i+1));
            yy02=+y(i+1)*(xx0(j)-x(i))/(x(i+1)-x(i));
            yy0(j)=yy01+yy02;          % 分段线性插值函数在 xx0 点的值
            err=(yy0(j)-yy(j))/yy(j);  % 计算相对误差
            break;
        end
    end
fprintf('%2d  %12.6f   %12.6f   %12.6f  %12.6f\n',i,xx0(j),yy0(j),
yy(j),err)
end
```

```
>>Piecewiseip↙
序号   中点横坐标       S1(xi)        f(xi)        相对误差
 1     -4.500000      0.048643      0.047059      0.033654
 2     -3.500000      0.079412      0.075472      0.052206
 3     -2.500000      0.150000      0.137931      0.087500
 4     -1.500000      0.350000      0.307692      0.137500
 5     -0.500000      0.750000      0.800000     -0.062500
 6      0.500000      0.750000      0.800000     -0.062500
 7      1.500000      0.350000      0.307692      0.137500
```

```
   8      2.500000      0.150000       0.137931      0.087500
   9      3.500000      0.079412       0.075472      0.052206
  10      4.500000      0.048643       0.047059      0.033654
>>
```

5.4　分段三次 Hermite 插值法

5.4.1　知识要点

分段线性插值多项式在各个内节点处的一阶导数一般不连续，不能满足某些实际应用的需要. 为克服这一缺陷，可将一阶导数值相等也补充为插值条件. 如果要求插值函数与被插函数在各个节点上不仅函数值要相等，而且各阶导数值也要相等，满足这些条件的插值称为 Hermite 插值.

设 $a=x_0<x_1<\cdots<x_n=b$，函数 $f(x)$ 在 $[a,b]$ 上各给定节点处的函数值及一阶导数值分别为 $f(x_i)=y_i$ 和 $f'(x_i)=y_i'=m_i(i=0,1,\cdots,n)$，满足如下条件的函数 $S_3(x)$ 称为 $f(x)$ 在区间 $[a,b]$ 上的分段三次 Hermite 插值函数：

（1）$S_3(x)$ 在每个子区间 $[x_i,x_{i+1}](i=0,1,\cdots,n-1)$ 上是三次多项式；

（2）$S_3(x_i)=y_i$，$S_3'(x_i)=m_i(i=0,1,\cdots,n)$；

（3）$S_3(x)$ 在区间 $[a,b]$ 上的一阶导数连续.

区间 $[a,b]$ 上的分段三次 Hermite 插值函数 $S_3(x)$ 在区间 $[a,b]$ 上具有光滑性. $S_3(x)$ 在每个子区间 $[x_i,x_{i+1}](i=0,1,\cdots,n-1)$ 上可表示为

$$S_3(x)=\varphi_i(x)y_i+\psi_i(x)y_i'+\varphi_{i+1}(x)y_{i+1}+\psi_{i+1}(x)y_{i+1}' \tag{5.15}$$

其中

$$\varphi_i(x)=\left(\frac{x-x_{i+1}}{x_i-x_{i+1}}\right)^2\left[1+\frac{2(x-x_i)}{x_{i+1}-x_i}\right] \tag{5.16}$$

$$\psi_i(x)=(x-x_i)\left(\frac{x-x_{i+1}}{x_{i+1}-x_i}\right)^2 \tag{5.17}$$

$$\varphi_{i+1}(x)=\left(\frac{x-x_i}{x_{i+1}-x_i}\right)^2\left[1+\frac{2(x-x_{i+1})}{x_i-x_{i+1}}\right] \tag{5.18}$$

$$\psi_{i+1}(x)=(x-x_{i+1})\left(\frac{x-x_i}{x_{i+1}-x_i}\right)^2 \tag{5.19}$$

用式（5.15）—（5.19）构造插值多项式的方法称为分段三次 Hermite 插值法. 可以证明插值函数 $S_3(x)$ 在整个插值区间 $[a,b]$ 上的误差估计式为

$$|R_3(x)| = |f(x) - S_1(x)| \leqslant \frac{h^4}{384} M_4 \tag{5.20}$$

其中 $h = \max_{0 \leqslant i \leqslant n-1}(x_{i+1} - x_i)$， $M_4 = \max_{x_0 \leqslant x \leqslant x_n} |f^{(4)}(x)|$.

由式（5.20）可知，当 $h \to 0$ 时， $S_3(x) \to f(x)$. 因此，只要每个子区间充分小，插值函数 $S_3(x)$ 在整个插值区间 $[a,b]$ 上将充分接近被插函数 $f(x)$.

5.4.2　算法描述

用分段三次 Hermite 插值多项式计算被插函数在点 $xx_0 \in [x_0, x_n]$ 处函数值近似值的算法如下：

算法 5-4：分段三次 Hermite 插值法

1）输入各个插值节点 x_i 以及对应的函数值 y_i 和一阶导数值 y_i'，输入点 xx_0.

2）求出插值节点个数 n，取 $i=1$.

3）如果点 $xx_0 \notin [x_0, x_n]$，输出出错提示信息，转步骤 6)；否则，转步骤 4）.

4）如果 $xx_0 \in [x_i, x_{i+1}]$，按式（5.16）—（5.19）分别计算 $\varphi_i(xx_0)$，$\psi_i(xx_0)$，$\varphi_{i+1}(xx_0)$，$\psi_{i+1}(xx_0)$ 及 $S_3(xx_0)=\varphi_i(xx_0)y_i + \psi_i(xx_0)y_i' + \varphi_{i+1}(xx_0)y_{i+1} + \psi_{i+1}(xx_0)y_{i+1}'$，输出计算结果，转步骤 6）.

5）如果 $i \leqslant n-1$，$i = i+1$，转步骤 4）.

6）结束.

5.4.3　编程实现举例

例 5-4　已知数据表（表 5-4）：

表 5-4　例 5-4 的数据表

k	0	1	2	3	4	5	6
x_k	0.0000	1.0000	2.0000	3.0000	4.0000	5.0000	6.0000
$f(x_k)$	0.0000	0.0278	0.2222	0.7500	1.7778	3.4722	6.0000
$f'(x_k)$	0.0000	0.0833	0.3333	0.7500	1.3333	2.0833	3.0000

用分段三次 Hermite 插值法计算插值多项式 $S_3(x)$ 在点 $xx_0=0.7$，1.4，2.6，3.8，4.9 和 5.3 处的近似值，并计算 $S_3(x)$ 与函数 $f(x)=\frac{1}{36}x^3$ 在点 xx_0 处的绝对误差.

解　Matlab 程序如下：

```
% ***************************************************************
% 用分段三次 Hermite 插值法计算被插函数在 x=xx0 处的近似值程序 Piecew3Hip.m
% ===============================================================
clear all; clc;
x=[0,1,2,3,4,5,6];                              % 输入插值节点
y=[0.0000,0.0278,0.2222,0.7500,1.7778,3.4722,6.0000]; % 输入函数值
dy=[0.0000,0.0833,0.3333,0.7500,1.3333,2.0833,3.0000];% 输入一阶导数值
xx0=[0.7,1.4,2.6,3.8,4.9,5.3];                  % 输入点 xx0
n=length(x);
m=length(xx0);
fprintf('序号   xx0      S3(xx0)      f(xx0)      S3(xx0)-f(xx0)\n');
for j=1:m
    for i=1:n-1
        if x(i)<=xx0(j) & xx0(j) < x(i+1)
            phi1=((xx0(j)-x(i+1))/(x(i)-x(i+1)))^2*(1+2*(xx0(j)-
x(i))/(x(i+1)-x(i)));
            psi1=(xx0(j)-x(i))*((xx0(j)-x(i+1))/(x(i+1)-x(i)))^2;
            phi2=((xx0(j)-x(i))/(x(i+1)-x(i)))^2*(1+2*(xx0(j)-
x(i+1))/(x(i)-x(i+1)));
            psi2=(xx0(j)-x(i+1))*((xx0(j)-x(i))/(x(i+1)-x(i)))^2;
            yy0(j)=phi1*y(i)+psi1*dy(i)+phi2*y(i+1)+psi2*dy(i+1);
            yye(j)=xx0(j)^3/36;                 % 计算点 xx0 处的精确值
            err=yy0(j)-yye(j);                  % 计算点 xx0 处的绝对误差
            break;
        end
    end
fprintf('%2d  %10.5f  %10.5f  %10.5f  %10.5f\n',i,xx0(j),yy0(j),yy
e(j),err)
end
```

```
>>Piecew3Hip↙
序号    xx0        S3(xx0)        f(xx0)      S3(xx0)-f(xx0)
 1     0.70000     0.00955        0.00953       0.00002
 2     1.40000     0.07623        0.07622       0.00000
 3     2.60000     0.48821        0.48822      -0.00001
 4     3.80000     1.52425        1.52422       0.00002
 5     4.90000     3.26801        3.26803      -0.00002
 6     5.30000     4.13545        4.13547      -0.00002
>>
```

5.5　三次样条插值法

5.5.1　知识要点

分段三次 Hermite 插值多项式的优点是一阶导数连续且能以要求的精度逼近被插函数，但它在内节点处的二阶导数一般不连续，无法满足许多领域需要插值函数具有二阶光滑度的要求；此外，构造分段三次 Hermite 插值函数要求被插函数在各个插值节点处的函数值和一阶导数值都已知，这个条件往往不易满足. 三次样条插值函数比分段三次更光滑，可以克服 Hermite 插值函数的不足.

设 $a=x_0<x_1<\cdots<x_n=b$，$y_i=f(x_i)$，函数 $f(x)$ 在区间 $[a,b]$ 上的三次样条插值函数是在每个子区间 $[x_i,x_{i+1}](i=0,1,\cdots,n-1)$ 上次数不超过 3、具有连续的二阶导数且满足下列两个条件的多项式 $S(x)$：

插值条件

$$S(x_i)=f(x_i),\quad i=0,1,\cdots,n \tag{5.21}$$

连接条件

$$\begin{cases}S(x_i-0)=S(x_i+0)\\ S'(x_i-0)=S'(x_i+0),\quad i=1,2,\cdots,n-1\\ S''(x_i-0)=S''(x_i+0)\end{cases} \tag{5.22}$$

三次样条插值函数 $S(x)$ 在每个子区间 $[x_i,x_{i+1}](i=0,1,\cdots,n-1)$ 上有 4 个待定系数，因而在区间 $[a,b]$ 上共有 $4n$ 个待定系数. 式（5.21）—（5.22）已给出了 $4n-2$ 个约束条件，求解 $S(x)$ 尚缺少 2 个条件，可由插值函数在区间 $[a,b]$ 两端点的约束条件（边界条件）给出. 常见的边界条件有三类：

第一类：两端点的一阶导数值已知

$$S'(x_0)=f'(x_0),\quad S'(x_n)=f'(x_n) \tag{5.23}$$

第二类：两端点的二阶导数值已知

$$S''(x_0)=f''(x_0),\quad S''(x_n)=f''(x_n) \tag{5.24}$$

其中满足 $S''(x_0)=S''(x_n)=0$ 的特殊第二类边界条件称为自然边界条件.

第三类：周期边界条件，当 $f(x)$ 是以 x_n-x_0 为周期的周期函数时，要求 $S(x)$ 也为周期函数，满足

$$S(x_0)=S(x_n),\quad S'(x_0+0)=S'(x_n-0),\quad S''(x_0+0)=S''(x_n-0) \tag{5.25}$$

计算 $S(x)$ 的常用方法有两种，分别以 $S''(x)$ 和 $S'(x)$ 为待定参数，利用插值条件、连接条件及边界条件导出关于待定参数的方程组，然后求解方程组.

当选取 $S''(x)$ 为待定参数来确定 $S(x)$ 时，记 $S''(x_i)=M_i\ (i=0,1,\cdots,n)$， $h_i=x_{i+1}-x_i\ (i=0,1,\cdots,n-1)$，则由插值条件（5.21）和连接条件（5.22）可求得 $S(x)$ 在子区间 $[x_i,x_{i+1}]$ 上的表达式

$$S(x)=\frac{(x_{i+1}-x)^3}{6h_i}M_i+\frac{(x-x_i)^3}{6h_i}M_{i+1}+\left(f(x_i)-\frac{M_ih_i^2}{6}\right)\frac{x_{i+1}-x}{h_i}$$
$$+\left(f(x_{i+1})-\frac{M_{i+1}h_i^2}{6}\right)\frac{x-x_i}{h_i},\quad x\in[x_i,x_{i+1}],\quad i=0,1,\cdots,n-1 \tag{5.26}$$

对上式求导，并利用式（5.22）第二式，可得到关于未知参数 M_i 的线性方程组

$$\mu_iM_{i-1}+2M_i+\lambda_iM_{i+1}=d_i,\quad i=1,2,\cdots,n-1 \tag{5.27}$$

其中

$$\begin{cases}h_i=x_{i+1}-x_i, & i=0,1,\cdots,n-1\\ \mu_i=\dfrac{h_{i-1}}{h_{i-1}+h_i},\ \lambda_i=1-\mu_i=\dfrac{h_i}{h_{i-1}+h_i}, & i=1,2,\cdots,n-1\\ d_i=6f[x_{i-1},x_i,x_{i+1}], & i=1,2,\cdots,n-1\end{cases} \tag{5.28}$$

方程组（5.27）含有 $n+1$ 个未知量，但仅有 $n-1$ 个方程，另外两个方程需要根据边界条件获得. 由第一类边界条件可导出两个方程，将其与方程组（5.27）联立，可建立关于 M_i 的 $n+1$ 阶三对角方程组如下

$$\begin{pmatrix}2 & 1 & & & \\ \mu_1 & 2 & \lambda_1 & & \\ & \ddots & \ddots & \ddots & \\ & & \mu_{n-1} & 2 & \lambda_{n-1}\\ & & & 1 & 2\end{pmatrix}\begin{pmatrix}M_0\\ M_1\\ \vdots\\ M_{n-1}\\ M_n\end{pmatrix}=\begin{pmatrix}d_0\\ d_1\\ \vdots\\ d_{n-1}\\ d_n\end{pmatrix} \tag{5.29}$$

其中

$$d_0=\frac{6}{h_0}\big(f[x_0,x_1]-f'(x_0)\big),\quad d_n=-\frac{6}{h_{n-1}}\big(f[x_{n-1},x_n]-f'(x_n)\big) \tag{5.30}$$

由第二类边界条件可直接得出

$$M_0=S''(x_0)=f''(x_0),\quad M_n=S''(x_n)=f''(x_n) \tag{5.31}$$

将以上两个方程代入方程组（5.27），可建立关于 M_i 的 $n-1$ 阶三对角方程组如下：

$$\begin{pmatrix} 2 & \lambda_1 & & & \\ \mu_2 & 2 & \lambda_2 & & \\ & \ddots & \ddots & \ddots & \\ & & \mu_{n-2} & 2 & \lambda_{n-2} \\ & & & \mu_{n-1} & 2 \end{pmatrix} \begin{pmatrix} M_1 \\ M_2 \\ \vdots \\ M_{n-2} \\ M_{n-1} \end{pmatrix} = \begin{pmatrix} D_1 \\ d_2 \\ \vdots \\ d_{n-2} \\ D_{n-1} \end{pmatrix} \tag{5.32}$$

其中

$$D_1 = d_1 - \mu_1 f''(x_0), \quad D_{n-1} = d_{n-1} - \lambda_{n-1} f''(x_n) \tag{5.33}$$

由第三类边界条件得 $M_0 = M_n$，代入方程组（5.27）可建立如下关于 M_i 的 n 阶循环三对角方程组

$$\begin{pmatrix} 2 & \lambda_1 & & & \mu_1 \\ \mu_2 & 2 & \lambda_2 & & \\ & \ddots & \ddots & \ddots & \\ & & \mu_{n-1} & 2 & \lambda_{n-1} \\ \lambda_n & & & \mu_n & 2 \end{pmatrix} \begin{pmatrix} M_1 \\ M_2 \\ \vdots \\ M_{n-1} \\ M_n \end{pmatrix} = \begin{pmatrix} d_1 \\ d_2 \\ \vdots \\ d_{n-1} \\ d_n \end{pmatrix} \tag{5.34}$$

其中

$$\mu_n = \frac{h_{n-1}}{h_0 + h_{n-1}}, \quad \lambda_n = \frac{h_0}{h_0 + h_{n-1}}, \quad d_n = \frac{6}{h_0 + h_{n-1}}\left(f[x_0, x_1] - f[x_{n-1}, x_n]\right) \tag{5.35}$$

$S(x)$ 在各个插值节点处的二阶导数 $M_i = S''(x_i)(i = 0,1,\cdots,n)$ 在力学上被解释为细梁在截面 x_i 处的弯矩，因而，含有三个弯矩 M_{i-1}，M_i 和 M_{i+1} 的方程（5.27）称为三弯矩方程，式（5.27）与三类边界条件分别联立得到的方程组（5.29），（5.32）和（5.34）都称为三弯矩方程组. 由式（5.28）可知，$\mu_i + \lambda_i = 1\ (i = 1,2,\cdots,n-1)$，且 λ_i 与 μ_i 都为正数，因而各个三弯矩方程组的系数矩阵均严格对角占优，方程组存在唯一解. 求出各弯矩后代入式（5.26），便可求出区间 $[a,b]$ 上的三次样条插值函数 $S(x)$. 以弯矩为参数来确定三次样条插值函数 $S(x)$ 的方法称为三弯矩法.

当选取 $S'(x)$ 为待定参数来确定 $S(x)$ 时，令 $S'(x_i) = m_i (i = 0,1,\cdots,n)$，$h_i = x_{i+1} - x_i\ (i = 0,1,\cdots,n-1)$，则由分段三次 Hermite 插值公式（5.15）—（5.19），$S(x)$ 在子区间 $[x_i, x_{i+1}]$ 上的表达式为

$$\begin{aligned} S(x) = {} & \frac{[h_i + 2(x - x_i)](x - x_{i+1})^2}{h_i^3} y_i + \frac{[h_i - 2(x - x_{i+1})](x - x_i)^2}{h_i^3} y_{i+1} \\ & + \frac{(x - x_i)(x - x_{i+1})^2}{h_i^2} m_i + \frac{(x - x_{i+1})(x - x_i)^2}{h_i^2} m_{i+1} \end{aligned} \tag{5.36}$$

对上式求二阶导数，并利用式（5.22）的第三式，可得关于未知参数 m_i 的线性方程组

$$\lambda_i m_{i-1} + 2m_i + \mu_i m_{i+1} = g_i,\quad i=1,2,\cdots,n-1 \tag{5.37}$$

其中 λ_i 与 μ_i 由式（5.28）计算，g_i 由下式计算

$$g_i=3\left(\lambda_i f[x_{i-1},x_i]+\mu_i f[x_i,x_{i+1}]\right),\quad i=1,2,\cdots,n-1 \tag{5.38}$$

方程组（5.37）含有 n+1 个未知量，但仅含有 n−1 个方程，另外两个方程需要根据边界条件获得. 由第一类边界条件可得

$$m_0 = S'(x_0) = f'(x_0),\quad m_n = S'(x_n) = f'(x_n) \tag{5.39}$$

将上式代入方程组（5.37）可建立关于 m_i 的 n−1 阶三对角方程组如下

$$\begin{pmatrix} 2 & \mu_1 & & & \\ \lambda_2 & 2 & \mu_2 & & \\ & \ddots & \ddots & \ddots & \\ & & \lambda_{n-2} & 2 & \mu_{n-2} \\ & & & \lambda_{n-1} & 2 \end{pmatrix}\begin{pmatrix} m_1 \\ m_2 \\ \vdots \\ m_{n-2} \\ m_{n-1} \end{pmatrix} = \begin{pmatrix} G_1 \\ g_2 \\ \vdots \\ g_{n-2} \\ G_{n-1} \end{pmatrix} \tag{5.40}$$

其中

$$G_1 = g_1 - \lambda_1 f'(x_0),\quad G_{n-1} = g_{n-1} - \mu_{n-1} f'(x_n) \tag{5.41}$$

由第二类边界条件可导出两个方程，将其与方程组（5.36）联立，可建立关于 m_i 的 n+1 阶三对角方程组如下

$$\begin{pmatrix} 2 & 1 & & & \\ \lambda_1 & 2 & \mu_1 & & \\ & \ddots & \ddots & \ddots & \\ & & \lambda_{n-1} & 2 & \mu_{n-1} \\ & & & 1 & 2 \end{pmatrix}\begin{pmatrix} m_0 \\ m_1 \\ \vdots \\ m_{n-1} \\ m_n \end{pmatrix} = \begin{pmatrix} g_0 \\ g_1 \\ \vdots \\ g_{n-1} \\ g_n \end{pmatrix} \tag{5.42}$$

其中

$$g_0=3f[x_0,x_1]-\frac{h_0}{2}f''(x_0),\quad g_n=3f[x_{n-1},x_n]-\frac{h_{n-1}}{2}f''(x_n) \tag{5.43}$$

由第三类边界条件得 $m_0 = m_n$，代入方程组（5.37）可建立如下关于 m_i 的 n 阶循环三对角方程组

$$\begin{pmatrix} 2 & \mu_1 & & & \lambda_1 \\ \lambda_2 & 2 & \mu_2 & & \\ & \ddots & \ddots & \ddots & \\ & & \lambda_{n-1} & 2 & \mu_{n-1} \\ \mu_n & & & \lambda_n & 2 \end{pmatrix}\begin{pmatrix} m_1 \\ m_2 \\ \vdots \\ m_{n-1} \\ m_n \end{pmatrix} = \begin{pmatrix} g_1 \\ g_2 \\ \vdots \\ g_{n-1} \\ g_n \end{pmatrix} \tag{5.44}$$

其中

$$\mu_n=\frac{h_{n-1}}{h_0+h_{n-1}},\quad \lambda_n=\frac{h_0}{h_0+h_{n-1}},\quad g_n=3\left(\mu_n f[x_0,x_1]+\lambda_n f[x_{n-1},x_n]\right) \tag{5.45}$$

$S(x)$ 在各个插值节点处的一阶导数 $m_i=S'(x_i)(i=0,1,\cdots,n)$ 在力学上被解释为细梁在截面 x_i 处的转角，因而含有三个转角 m_{i-1}，m_i 和 m_{i+1} 的方程（5.37）称为三转角方程，方程（5.37）与三类边界条件分别联立得到的方程组（5.40)，（5.42）和（5.44）都称为三转角方程组. 三转角方程组的各系数矩阵也严格对角占优，因而方程组存在唯一解. 求出各转角后代入方程（5.36)，便可求出区间 $[a,b]$ 上的三次样条插值函数 $S(x)$. 以转角为参数来确定三次样条函数 $S(x)$ 的方法称为三转角法.

可以证明，当 $h\to 0$ 时，区间 $[a,b]$ 上满足第一类与第二类边界条件的三次样条插值函数 $S(x)$ 一致收敛到被插函数 $f(x)$，且 $S'(x)$ 和 $S''(x)$ 也分别一致收敛到 $f'(x)$ 和 $f''(x)$. 因此，增加插值节点便可提高三次样条插值函数的精度.

5.5.2　算法描述

用三弯矩法计算被插函数的三次样条插值函数在点 $xx_0\in[x_0,x_n]$ 处函数值的算法如下：

算法 5-5：三弯矩法

1）输入各个插值节点 x_i 以及对应的函数值 $y_i=f(x_i)$.

2）输入边界条件，输入点 xx_0，求出插值节点个数 n，求出函数值个数 m.

3）如果 $m\neq n$，输出出错提示信息，转步骤 9)；否则，转步骤 4）

4）据式（5.28）计算 $h_i(i=0,1,\cdots,n-1)$，$\mu_i,\lambda_i,d_i(i=1,2,\cdots,n-1)$.

5）根据边界条件的类型一、二及三分别据式（5.30）计算 d_0 与 d_n、据式（5.33）计算 D_1 与 D_{n-1} 以及据式（5.35）计算 μ_n，λ_n 与 d_n，建立相应的三弯矩方程组（5.29)，（5.32）和（5.34）.

6）求解建立的三弯矩方程组，求出各个弯矩 $M_i(i=0,1,\cdots,n)$.

7）找出点 xx_0 所在区间 $[x_i,x_{i+1}](i=0,1,\cdots,n-1)$，按式（5.26）求出 $S(xx_0)$.

8）输出计算结果 $S(xx_0)$.

9）结束.

用三转角法计算被插函数的三次样条插值函数在点 $xx_0\in[x_0,x_n]$ 处函数值的算法如下：

算法 5-6：三转角法

1）输入各个插值节点 x_i 以及对应的函数值 $y_i = f(x_i)$.

2）输入边界条件，输入点 xx_0，求出插值节点个数 n.

3）据式（5.28）计算 $h_i(i=0,1,\cdots,n-1)$ 以及 $\mu_i,\lambda_i(i=1,2,\cdots,n-1)$，据式（5.28）计算 $g_i(i=1,2,\cdots,n-1)$.

4）根据边界条件的类型一、二及三分别据式（5.41）计算 G_1 与 G_{n-1}、据式（5.43）计算 g_0 与 g_n 以及据式（5.45）计算 μ_n，λ_n 与 g_n，建立相应的三转角方程组（5.40），（5.42）和（5.44）.

5）求解建立的三转角方程组，求出各个转角 $m_i(i=0,1,\cdots,n)$.

6）找出点 xx_0 所在区间 $[x_i,x_{i+1}](i=0,1,\cdots,n-1)$，按式（5.36）求出 $S(xx_0)$.

7）输出计算结果 $S(xx_0)$.

8）结束.

5.5.3　编程实现举例

例 5-5　设某工业部件制造商用三次样条插值设计某个部件的曲线，其中的一段数据如表 5-5 所示：

表 5-5　某工业部件的一段数据

i	0	1	2	3	4	5	6	7	8
x_i	1.0	2.0	5.0	6.0	7.0	8.0	10.0	13.0	17.0
$f(x_i)$	3.0	3.7	3.9	4.2	5.7	6.6	7.1	6.7	4.5

用三弯矩法求出区间[1, 17]上满足自然边界条件 $S''(1.0)=S''(17.0)=0$ 的三次样条插值函数 $S(x)$ 的有关参数和 $S(x)$ 在每个子区间中点处的函数值，绘出所求函数 $S(x)$ 在区间[1, 17]的图像，并标出各已知数据点及求出的数据点.

解　Matlab 程序如下：

```
% **************************************************************
% 用三弯矩法求具第二类边界条件的三次样条插值函数在 x=xx0 处函数值
% 程序 SpbendB2.m
% ==============================================================
clear all; clc;
x=[1.0,2.0,5.0,6.0,7.0,8.0,10.0,13.0,17.0]; % 输入插值节点 xi
y=[3.0,3.7,3.9,4.2,5.7,6.6,7.1,6.7,4.5];     % 输入函数值 yi=f(xi)
d2y1=0.00; d2yn=0.00;                       % 输入边界点的二阶导数值
n=length(x); m=length(y);                   % 求出插值节点及函数值个数
```

```
if n ~= m
    disp('向量 x 与 y 的维数不相同，不能构造三次样条插值函数！');
    return
end
n=length(x);
h=zeros(1,n-1);xx0=zeros(1,n-1);
mu=zeros(1,n-2);lambda=zeros(1,n-2);d=zeros(1,n-2);
for i=1:n-1
    xx0(i)=(x(i)+x(i+1))/2.0;              % 求出各子区间的中点
    h(i)=x(i+1)-x(i);                      % 求出各子区间的长度
end
for i= 1:n-2
    mu(i)=h(i)/(h(i)+h(i+1));              % 计算各个 mu
    lambda(i)=h(i+1)/(h(i)+h(i+1));        % 计算各个 lambda
    df1(i)=(y(i+1)-y(i))/(x(i+1)-x(i));
    df1(i+1)=(y(i+2)-y(i+1))/(x(i+2)-x(i+1));
    df2(i)=(df1(i+1)-df1(i))/(x(i+2)-x(i));
    d(i)=6*df2(i);                         % 计算各个 d
end
format compact
d(1)=d(1)-mu(1)*d2y1;
d(n-2)=d(n-2)-lambda(n-2)*d2yn;
fprintf('所求三次样条插值函数 S(x)的有关参数如下:\n');
fprintf('子区间长度 hi=');
for i=1:n-1
   fprintf('%10.4f',h(i));
end
fprintf('\n 参数 mu=      ');disp(mu);
fprintf('参数 lambda=  ');disp(lambda);
fprintf('各一阶差商:    ');disp(df1);
fprintf('各二阶差商:    ');disp(df2);
fprintf('参数 d=       ');disp(d);
My=zeros(n,1); Mx=zeros(n,1);              % 用追赶法解三对角方程组.
Mx(1)=d2y1; Mx(n)=d2yn;                    % 第二类边界条件
b(1:n-2)=2; s(1)=b(1); t(1)=lambda(1)/s(1);
for i=2:n-3
    r(i)=mu(i);
    s(i)=b(i)-r(i)*t(i-1);
    t(i)=lambda(i)/s(i);
end
r(n-2)=mu(n-2);
s(n-2)=b(n-2)-r(n-2)*t(n-3);
My(2)=d(1)/b(1);
for k=2:n-2
```

```
    My(k+1)=(d(k)-r(k)*My(k))/s(k);
end
Mx(n-1)=My(n-1);
for  k=n-3:-1:1
    Mx(k+1)=My(k+1)-t(k)*Mx(k+2);
end
fprintf('弯矩 M= ');
for i=1:n
   fprintf('%10.4f',Mx(i));
end
for i=1:n-1                                      % 求出子区间中点的函数值
    y01=(x(i+1)-xx0(i))^3*Mx(i)/(6*h(i));
    y02=(xx0(i)-x(i))^3*Mx(i+1)/(6*h(i));
    y03=(y(i)-Mx(i)*h(i)*h(i)/6)*(x(i+1)-xx0(i))/h(i);
    y04=(y(i+1)-Mx(i+1)*h(i)*h(i)/6)*(xx0(i)-x(i))/h(i);
    yy0(i)=y01+y02+y03+y04;
end
fprintf('\n 中点横坐标 xx0=');disp(xx0);
fprintf('中点函数值 yy0=');disp(yy0)
for i=1:n-1
    px=x(i):0.05:x(i+1);
    y01=(x(i+1)-px).^3*Mx(i)/(6*h(i));
    y02=(px-x(i)).^3*Mx(i+1)/(6*h(i));
    y03=(y(i)-Mx(i)*h(i)*h(i)/6).*(x(i+1)-px)/h(i);
    y04=(y(i+1)-Mx(i+1)*h(i)*h(i)/6).*(px-x(i))/h(i);
    py=y01+y02+y03+y04;
    plot(px,py,'k');                             % 绘制三次样条插值函数的图像
    hold on
end
axis([0,17,3,7.5])                               % 设置坐标轴的取值范围
plot(x,y,'x');                                   % 用叉号标出已知的数据点
plot(xx0,yy0,'o');                               % 用圆圈标出求出的数据点
text(1.25,7.2,'— ------  三次样条插值函数')
text(1.25,6.9,'x   ------  已知的数据点')
text(1.25,6.6,'o.  ------  求出的数据点')
grid on
```

```
>>SpbendB2↙
所求三次样条插值函数 s(x)的有关参数如下：
子区间长度 hi=  1.0000  3.0000  1.0000  1.0000  1.0000  2.0000  3.0000  4.0000
参数 mu=         0.2500  0.7500  0.5000  0.5000  0.3333  0.4000  0.4286
参数 lambda=     0.7500  0.2500  0.5000  0.5000  0.6667  0.6000  0.5714
参数 d=         -0.9500  0.3500  3.6000 -1.8000 -1.3000 -0.4600 -0.3571
```

```
弯矩 M= 0.0000 -0.5142  0.1046  2.1058  -1.3280  -0.3939 -0.1044  -0.1562
      0.0000
中点横坐标 xx0=  1.5000   3.5000   5.5000   6.5000   7.5000   9.0000  11.5000
            15.0000
中点函数值 yy0=  3.3821   4.0304   3.9118   4.9014   6.2576   6.9746   7.0466
             5.7562
>>
```

绘出的函数图像及标出的数据点见图 5-4.

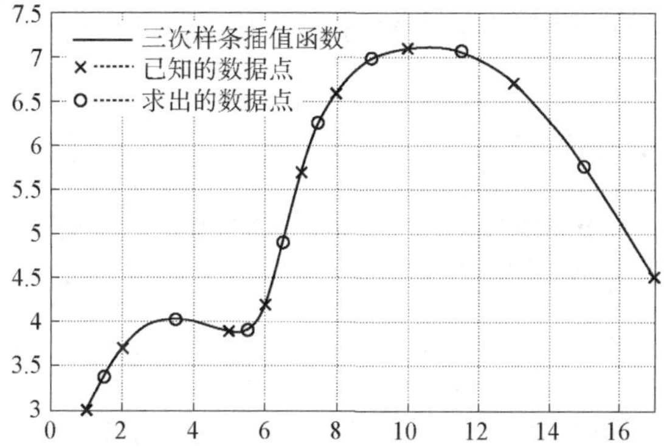

图 5-4　三次样条插值函数 $S(x)$ 的图像及各个已知与求出的数据点

例 5-6　已知平方根表及第一类边界条件（表 5-6）：

表 5-6　平方根表及第一类边界条件

x_i	1	4	9	16	25	36
$f(x_i)$	1	2	3	4	5	6
$f'(x_i)$	1/2					1/12

用三转角法求函数 $f(x)=\sqrt{x}$ 的三次样条插值函数 $S(x)$ 的有关参数，绘出函数 $f(x)=\sqrt{x}$ 在区间[1, 36]的图像，并在图中标出点 $(12,S(12))$ 及 $(27.5,S(27.5))$.

解　Matlab 程序如下：

```
% ****************************************************************
% 用三转角法求具第一类边界条件的三次样条插值函数在 x=xx0 处函数值程序 SprotaB1.m
% ================================================================
clear all; clc;
x=[1.0, 4.0, 9.0, 16.0, 25.0, 36.0];
y=[1.0, 2.0, 3.0, 4.0, 5.0, 6.0];
d1y1=1/2; d1yn=1/12;
xx01=12.0; xx02=27.5;
```

```
n=length(x);
h=zeros(1,n-1);mu=zeros(1,n-2);lambda=zeros(1,n-2);g=zeros(1,n-2);
for i=1:n-1
    h(i)=x(i+1)-x(i);                          % 求出各子区间的长度
end
for i= 1:n-2
    mu(i)=h(i)/(h(i)+h(i+1));                  % 计算各个 mu
    lambda(i)=h(i+1)/(h(i)+h(i+1));            % 计算各个 lambda
    df1(i)=(y(i+1)-y(i))/(x(i+1)-x(i));
    df1(i+1)=(y(i+2)-y(i+1))/(x(i+2)-x(i+1));
    g(i)=3*(lambda(i)*df1(i)+mu(i)*df1(i+1));   % 计算各个 d
end
format compact
g(1)=g(1)-lambda(1)*d1y1;
g(n-2)=g(n-2)-mu(n-2)*d1yn;
fprintf('所求三次样条插值函数 S(x)的有关参数如下:\n');
fprintf('子区间长度 hi=');
for i=1:n-1
   fprintf('%10.4f',h(i));
end
fprintf('\n 参数 mu=       ');disp(mu);
fprintf('参数 lambda=  ');disp(lambda);
fprintf('各一阶差商:   ');disp(df1);
fprintf('参数 g=        ');disp(g);
my=zeros(n,1); mx=my;                          % 用追赶法解三对角方程组
mx(1)=d1y1; mx(n)=d1yn;                        % 第一类边界条件
b(1:n-2)=2; s(1)=b(1); t(1)=mu(1)/s(1); r(1)=0;
for i=2:n-3
    r(i)=lambda(i);
    s(i)=b(i)-r(i)*t(i-1);
    t(i)=mu(i)/s(i);
end
r(n-2)=lambda(n-2);
s(n-2)=b(n-2)-r(n-2)*t(n-3);
t(n-2)=0;
my(2)=g(1)/b(1);
for k=2:n-2
    my(k+1)=(g(k)-r(k)*my(k))/s(k);
end
mx(n-1)=my(n-1);
for  k=n-3:-1:1
    mx(k+1)=my(k+1)-t(k)*mx(k+2);
end
fprintf('转角 m=        ');
```

```
for i=1:n
    fprintf('%10.4f',mx(i));
end
for i=1:n-1                                 % 计算点 xx01 与 xx02 的函数值
    if  xx01>=x(i)  &  xx01  <=x(i+1)
        y01=(h(i)+2*(xx01-x(i)))*(xx01-x(i+1))^2*y(i)/h(i)^3;
        y02=(h(i)-2*(xx01-x(i+1)))*(xx01-x(i))^2*y(i+1)/h(i)^3;
        y03=(xx01-x(i))*(xx01-x(i+1))^2*mx(i)/h(i)^2;
        y04=(xx01-x(i+1))*(xx01-x(i))^2*mx(i+1)/h(i)^2;
        yy01=y01+y02+y03+y04;
    end
    if  xx02>=x(i)  &  xx02  <=x(i+1)
        y01=(h(i)+2*(xx02-x(i)))*(xx02-x(i+1))^2*y(i)/h(i)^3;
        y02=(h(i)-2*(xx02-x(i+1)))*(xx02-x(i))^2*y(i+1)/h(i)^3;
        y03=(xx02-x(i))*(xx02-x(i+1))^2*mx(i)/h(i)^2;
        y04=(xx02-x(i+1))*(xx02-x(i))^2*mx(i+1)/h(i)^2;
        yy02=y01+y02+y03+y04;
    end
end
fprintf('\nxx01= %f 处的函数值 yy01= %f',xx01,yy01);
fprintf('\nxx02= %f 处的函数值 yy02= %f\n',xx02,yy02);
nx=1:0.5:36;                                % 绘制平方根函数的图像
ny=sqrt(nx);
plot(nx,ny,'k')                             % 绘制三次样条插值函数的图像
hold on
axis([1,36,1,6])                            % 设置坐标轴的取值范围

plot(xx01,yy01,'+',xx02,yy02,'o');          % 用加号和圆圈标出求出的数据点
text(5.1,5.7,'— ------  三次样条插值函数')
text(5.1,5.4,'+  ------  点(12.0,  S(12.0))')
text(5.1,5.1,'o  ------  点(27.5,  S(27.5))')
grid on
```

```
>>SpbendB1↙
所求三次样条插值函数 S(x)的有关参数如下:
子区间长度 hi=  3.0000    5.0000    7.0000    9.0000   11.0000
参数 mu=        0.3750    0.4167    0.4375    0.4500
参数 lambda=    0.6250    0.5833    0.5625    0.5500
各一阶差商:     0.3333    0.2000    0.1429    0.1111    0.0909
参数 g=         0.5375    0.5286    0.3869    0.2686
转角 m=         0.5000    0.2370    0.1693    0.1239    0.1002    0.0833
xx01= 12.000000 处的函数值 yy01= 3.468448
xx02= 27.500000 处的函数值 yy02= 5.244479
>>
```

绘出的函数图像及标出的点见图 5-5.

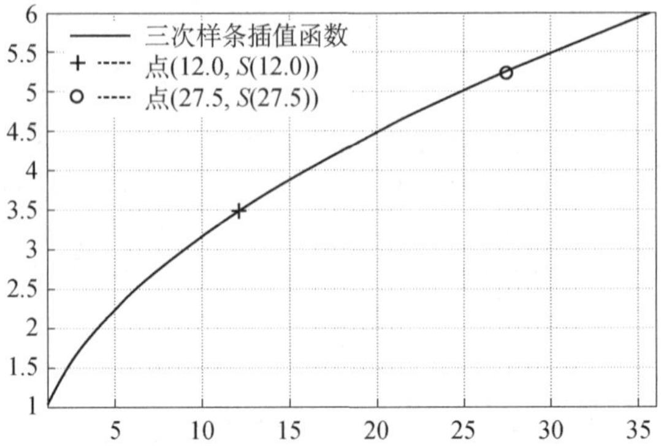

图 5-5　所求的三次样条插值函数 $S(x)$ 的图像及求出的两个数据点

5.6　曲线拟合的最小二乘法

5.6.1　知识要点

插值法虽可求得函数 $y=f(x)$的近似多项式 $y=p(x)$，但也有明显的不足：①插值法要求插值函数与被插函数在节点处的函数值甚至导数值相等，使精度不高的观测数据的误差被保留到了插值函数中；②测量数据通常较多，因而构造的插值多项式次数较高，不仅计算量很大，而且易出现 Runge 现象. 曲线拟合的最小二乘法可克服上述不足，求得函数 $y=f(x)$的近似函数 $y=\varphi(x)$.

设 (x_i,y_i) $(i=0,1,\cdots,n)$ 是函数 $y=f(x)$的 n+1 个观测值，求 $y=f(x)$ 的一个近似函数 $y=\varphi(x)$，使得误差向量 $\delta=[\varphi(x_0)-y_0,\varphi(x_1)-y_1,\cdots,\varphi(x_n)-y_n]$ 的 2-范数的平方

$$S=\|\delta\|_2^2=\sum_{i=0}^{n}\delta_i^2=\sum_{i=0}^{n}[\varphi(x_i)-y_i]^2 \tag{5.46}$$

取最小值，这样确定的函数 $y=\varphi(x)$ 称为函数 $y=f(x)$的最小二乘拟合函数，$y=f(x)$ 称为被拟合函数，函数 $y\approx\varphi(x)$ 称为经验公式，$\delta_i=\varphi(x_i)-y_i$ 称为残差. 上述构造近似函数的方法称为曲线拟合的最小二乘法. 通常选用形式简单且计算方便的多项式作为经验公式中的函数 $\varphi(x)$.

设 (x_i,y_i) $(i=0,1,\cdots,n)$ 是已知的 $n+1$ 个观测值，令最小二乘拟合多项式为

$$\varphi(x)=c_m x^m+c_{m-1}x^{m-1}+\cdots+c_1 x+c_0 \tag{5.47}$$

其中 $c_j\,(j=0,1,\cdots,m)$ 为待定系数，m 一般较 n 小很多.

根据最小二乘法原理可得求最小二乘拟合函数 $y=\varphi(x)$ 的法方程组为

$$\sum_{i=0}^{n} c_0 x_i^k + \sum_{i=0}^{n} c_1 x_i^{1+k} + \cdots + \sum_{i=0}^{n} c_{m-1} x_i^{m-1+k} + \sum_{i=0}^{n} c_m x_i^{m+k} = \sum_{i=0}^{n} x_i^k y_i,\quad k=0,1,\cdots,m \tag{5.48}$$

写成矩阵形式得

$$\begin{pmatrix} \sum_{i=0}^{n} 1 & \sum_{i=0}^{n} x_i & \cdots & \sum_{i=0}^{n} x_i^m \\ \sum_{i=0}^{n} x_i & \sum_{i=0}^{n} x_i^2 & \cdots & \sum_{i=0}^{n} x_i^{m+1} \\ \vdots & \vdots & & \vdots \\ \sum_{i=0}^{n} x_i^m & \sum_{i=0}^{n} x_i^{m+1} & \cdots & \sum_{i=0}^{n} x_i^{2m} \end{pmatrix} \begin{pmatrix} c_0 \\ c_1 \\ \vdots \\ c_m \end{pmatrix} = \begin{pmatrix} \sum_{i=0}^{n} y_i \\ \sum_{i=0}^{n} x_i y_i \\ \vdots \\ \sum_{i=0}^{n} x_i^m y_i \end{pmatrix} \tag{5.49}$$

从法方程组中求出 $c_j\,(j=0,1,\cdots,m)$ 并代入式（5.47），便可得到经验公式 $y=\varphi(x)$.

可以证明，若 $m<n$，且给定的 n+1 个观测值 $(x_i,y_i)(i=0,1,\cdots,n)$ 中至少有 m+1 个互不相等，则法方程组（5.49）的系数矩阵行列式不为零，因而，多项式的最小二乘拟合问题存在唯一解. 当 m 较大时，法方程组（5.49）一般为病态方程组，求解结果可能会严重失真. 因此，实际应用中多项式的次数 m 取值一般不超过 6.

当 m =1 时，求最小二乘拟合直线 $y=\varphi(x)$ 的法方程组为

$$\begin{cases} (n+1)c_0 + \left(\sum_{i=0}^{n} x_i\right) c_1 = \sum_{i=0}^{n} y_i \\ \left(\sum_{i=0}^{n} x_i\right) c_0 + \left(\sum_{i=0}^{n} x_i^2\right) c_1 = \sum_{i=0}^{n} x_i y_i \end{cases} \tag{5.50}$$

当 m =3 时，求最小二乘拟合 3 次多项式 $y=\varphi(x)$ 的法方程组为

$$\begin{pmatrix} n+1 & \sum_{i=0}^{n} x_i & \sum_{i=0}^{n} x_i^2 & \sum_{i=0}^{n} x_i^3 \\ \sum_{i=0}^{n} x_i & \sum_{i=0}^{n} x_i^2 & \sum_{i=0}^{n} x_i^3 & \sum_{i=0}^{n} x_i^4 \\ \sum_{i=0}^{n} x_i^2 & \sum_{i=0}^{n} x_i^3 & \sum_{i=0}^{n} x_i^4 & \sum_{i=0}^{n} x_i^5 \\ \sum_{i=0}^{n} x_i^3 & \sum_{i=0}^{n} x_i^4 & \sum_{i=0}^{n} x_i^5 & \sum_{i=0}^{n} x_i^6 \end{pmatrix} \begin{pmatrix} c_0 \\ c_1 \\ c_3 \\ c_4 \end{pmatrix} = \begin{pmatrix} \sum_{i=0}^{n} y_i \\ \sum_{i=0}^{n} x_i y_i \\ \sum_{i=0}^{n} x_i^2 y_i \\ \sum_{i=0}^{n} x_i^3 y_i \end{pmatrix} \tag{5.51}$$

5.6.2 算法描述

用最小二乘法拟合多项式的算法如下：

算法 5-7：最小二乘拟合法

1）输入各个观测数据点 $(x_i, y_i)(i = 0,1,\cdots,n)$.

2）输入拟合多项式的次数 m.

3）求法方程组系数矩阵的各元 $\sum_{i=0}^{n} x_i^{j+k}$ $(j = 0,1,\cdots,m;\ k = 0,1,\cdots,m)$ 及右端向量的各元 $\sum_{i=0}^{n} x_i^j y_i$ $(j = 0,1,\cdots,m)$.

4）求解法方程组.

5）按照降幂排列顺序输出拟合的 m 次多项式的系数.

6）结束.

5.6.3　编程实现举例

例 5-7　理论上炼钢厂钢包的容积 V 与钢包的使用次数 k 有如下关系

$$V = \frac{k}{ak+b}$$

其中 a 与 b 为待定系数. 已测得 k 与 V 间的关系如表 5-7.

表 5-7　函数 $f(x)$ 的观测数据

k	V	k	V	k	V	k	V	k	V
1	6.42	4	9.50	7	9.93	10	10.59	13	10.20
2	5.20	5	9.70	8	9.99	11	10.60	14	10.40
3	9.58	6	10.00	9	10.49	12	10.50	15	10.76

（1）给出 V 与 k 间的函数关系式；

（2）绘制 V 与 k 间的变化关系图像，并在图中标出各个观测数据点.

解　作变量替换 $y = \frac{1}{V}$，$x = \frac{1}{k}$，则有 $y = a + bx$.

建立数据文件 Poly1_fitData.txt，其中文件的第 1 行为节点个数 15，第 2—16 行为 15 个观测点的横坐标 k 与纵坐标 V.

Matlab 程序如下：

```
% ****************************************************************
% 直线的最小二乘拟合法程序 poly1_fit.m
% ================================================================
clear all; clc;
f=fopen('Poly1_fitData.txt','r');       % 打开当前文件夹的数据文件供读取
n=fscanf(f,'%d',1);                     % 读取节点个数 n
```

```
for i=1:n
    k(i)=fscanf(f,'%f',1);                % 读取每个节点横坐标 k
    vk(i)=fscanf(f,'%f',1);               % 读取每个节点纵坐标 vk
    x(i)=1/k(i); y(i)=1/vk(i);            % 存储变量替换后的新变量
end
fclose(f);                                % 关闭打开的数据文件
Sx=0; Sy=0; S_x2=0; S_xy=0;              % 求拟合直线法方程组的各项
for i=1:n
    Sx=Sx+x(i); Sy=Sy+y(i);
    S_x2=S_x2+x(i)*x(i); S_xy=S_xy+x(i)*y(i);
end
D=n*S_x2-Sx*Sx;                           % 求法方程组系数矩阵的行列式
b=(S_x2*Sy-Sx*S_xy)/D;                    % 用 Cramer 法则解出 b
a=(n*S_xy-Sx*Sy)/D;                       % 用 Cramer 法则解出 a
fprintf('k与V的函数关系式为\n')
fprintf('    V = k/(%fk+%f)\n',a,b);% 输出原问题的关系式
fk=1:0.5:15;
fvk=fk./(a*fk+b);
plot(fk,fvk,'k')                          % 绘制 V 与 k 关系图像
xlabel('使用次数 k'); ylabel('容积 V');
hold on
plot(k,vk,'h')                            % 用六角星标出各个观测点
legend('拟合的曲线','观测的数据点')
grid on
```

```
>>Poly1_fit↙
k与V的函数关系式为
V = k/(0.087676k+0.089144)
>>
```

绘制的图像及标出的数据点见图 5-6.

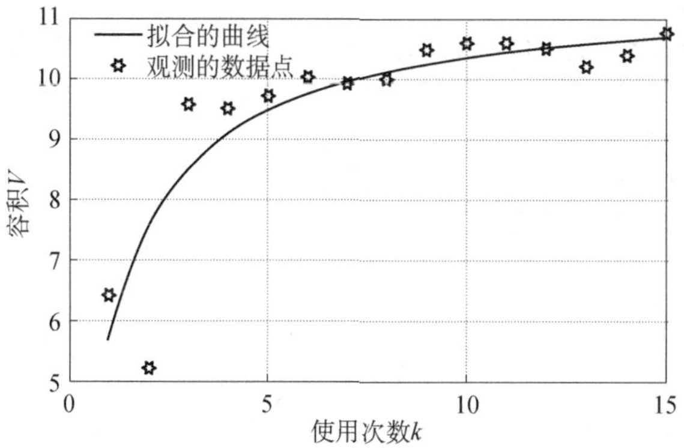

图 5-6 V 与 k 间的变化关系图像以及各观测点

例 5-8　给定函数 $f(x)$ 的观测数据如表 5-8.

表 5-8　函数 $f(x)$的观测数据

x_i	−1.0	−0.5	0.0	0.5	1.0	1.5	2.0
y_i	−4.447	−0.452	0.551	0.048	−0.447	0.549	4.552

求 $f(x)$ 的最小二乘拟合 3 次多项式 $y=\varphi(x)$ 的各项系数，绘制经验公式 $y=\varphi(x)$ 的图像，并在图中标出各个观测数据点.

解　Matlab 程序如下：

```
% ****************************************************************
% m 次多项式的最小二乘拟合法程序 Poly3_fit.m
% ================================================================
clear all; clc;
x=[-1.0,-0.5,0.0,0.5,1.0,1.5,2.0];             % 输入插值节点与函数值
y=[-4.447,-0.452,0.551,0.048,-0.447,0.549,4.552];
n=length(x);
m=input('输入多项式的次数 m (m <=6): ');
A=zeros(m+1,m+1);
b=zeros(m+1,1);
for j=1:m+1
    for k=1:m+1
        for i=1:n
            A(j,k)=A(j,k)+x(i)^(j-1+k-1); % 求法方程组系数矩阵的各元素
        end
    end
end
for j=1:m+1
    for i=1:n
        b(j)=b(j)+x(i)^(j-1)*y(i);            % 求法方程组右端向量的各元素
    end
end
c0=ones(m+1,1);
N=1000; epsilon=1.0e-12;                      % 最大迭代次数和精度要求
k=1;
while k<N                                     % 用 G-S 迭代法解法方程组
    norm=0;
    for i=1:m+1
```

```
            sum=0;
            for j=1:m+1
                if j > i
                     sum = sum+A(i,j)*c0(j);
                elseif j < i
                     sum = sum +A(i,j)*c(j);
                end
            end
            c(i)=(b(i)-sum)/A(i,i);             % 求出 x(i)的值
            temp=abs(c(i)-c0(i));               % 求无穷范数
            if temp>norm
                norm=temp;                      % 选 norm 的最大值(无穷范数)
            end
        end                                     % 第 i 步迭代结束
        if norm < epsilon
            break
        else                                    % 未满足精度要求
        c0=c;                                   % 为下一次迭代提供初值
        k=k+1;
        end
end
fprintf('所求 %d 次多项式的系数按降幂排列依次为\n',m);
for i=(m+1):-1:1
    fprintf('%10.6f',c(i));
end
fprintf('\n');
nx=-1:0.05:2;
ny=c(4)*nx.^3+c(3)*nx.^2+c(2)*nx+c(1);
plot(nx,ny)                                     % 绘制经验公式的图像
hold on
plot(x,y,'ro')                                  % 标注观测数据点
grid on
```

```
>>Poly3_fit↙
输入多项式的次数 m (m <=6): 3
所求 3 次多项式的系数按降幂排列依次为
  1.999111 -2.997667 -0.000040  0.549119
```

经验公式的图像与标出的观测数据点见图 5-7.

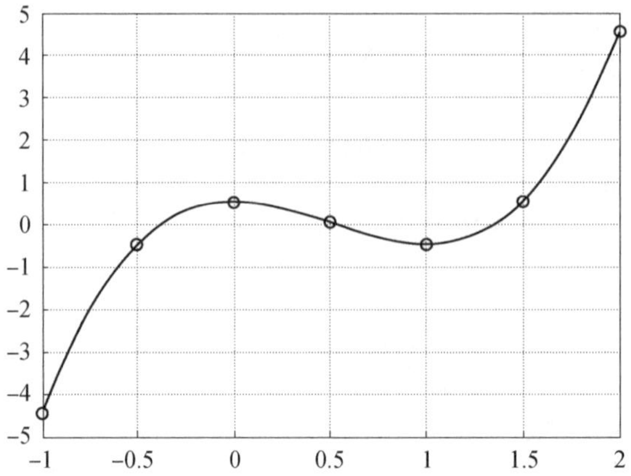

图 5-7　经验 $y=\varphi(x)$ 的图像与各个观测数据点

编程计算习题 5

5.1 已知函数 $f(x)=\dfrac{1}{1+x^2}$，

（1）将区间[−5,5] 5 等分，求 $f(x)$的 5 次 Lagrange 插值多项式 $L_5(x)$ 在 $x=4.8$ 处的值.

（2）将区间[−5,5] 10 等分，求 $f(x)$的 10 次 Lagrange 插值多项式 $L_{10}(x)$ 在 $x=4.8$ 处的值.

（3）在同一坐标系下绘出函数 $f(x), L_5(x)$ 和 $L_{10}(x)$ 在区间[−5,5]的图像，并用不同的颜色与符号标出点（$4.8, L_5(4.8)$），（$4.8, L_{10}(4.8)$）和（$4.8, f(4.8)$）.

5.2 已知 $\sin\dfrac{\pi}{6}=0.5000$，$\sin\dfrac{\pi}{4}=0.7071$，$\sin\dfrac{\pi}{3}=0.8660$，$\sin\dfrac{\pi}{2}$=1.0000，用 Newton 插值公式计算 $\sin\dfrac{7\pi}{24}$ 的近似值.

5.3 已知函数 $f(x)=\dfrac{1}{36}x^3$，将区间[−6, 6] 12 等分，计算分段线性插值函数 $S_1(x)$ 在点 $x_0=3.5$ 处的近似值及相对误差，并绘出分段线性插值函数在区间[−6, 6]的图像.

5.4 给定实验数据如表 5-9：

表 5-9　实验数据表

k	0	1	2	3	4	5
x_k	0.00000	1.00000	2.00000	3.00000	4.00000	5.00000

续表

k	0	1	2	3	4	5
$f(x_k)$	1.00000	0.50000	0.20000	0.10000	0.05882	0.03846
$f'(x_k)$	0.00000	−0.50000	−0.16000	−0.06000	−0.02768	−0.01479

用分段三次 Hermite 插值多项式计算函数 $y = f(x)$ 在点 1.3，2.5，3.6，4.8 处的近似值，并绘出分段三次 Hermite 插值多项式在区间 [0, 5] 的图像.

5.5 给定观测数据如表 5-10：

表 5-10　观测数据表

i	0	1	2	3	4
x_i	0.25	0.30	0.39	0.45	0.53
$f(x_i)$	0.5000	0.5477	0.6245	0.6708	0.7280

求区间[0.25, 0.53]上满足边界条件 $S'(0.25)=1.0000$，$S'(0.53)=0.6868$ 的三次样条插值函数 $S(x)$ 的弯矩及各个子区间中点的函数值.

5.6 某汽车制造商用三次样条插值函数设计车门曲线，其中的一段数据如表 5-11 所示：

表 5-11　某车门曲线的一段数据

x_i	0	1	2	3	4	5	6	7	8	9	10
$f(x_i)$	0.0	0.79	1.53	2.19	2.71	3.03	3.27	2.89	3.06	3.19	3.29
$f'(x_i)$	0.8										0.2

用三转角法求三次样条插值函数 $S(x)$ 的转角，并求 $S(x)$ 在 $x=4.25$ 及 $x=7.75$ 处的函数值.

5.7 已知函数 $f(x)=\dfrac{1}{1+x^2}$，将区间[0, 8] 8 等分，分别利用分段线性插值函数 $S_1(x)$ 和分段三次 Hermite 插值函数 $S_3(x)$ 计算函数 $f(x)$在各区间中点 x_i 处的近似值及相应的相对误差.

5.8 已知实验数据如表 5-12：

表 5-12　实验数据表

k	0	1	2	3	4	5
x_k	1	1	2	3	4	5
y_k	5	4	2	1	3	4

求其最小二乘拟合 2 次多项式.

5.9 已知离散数据如表 5-13 所示:

表 5-13　离散数据表

i	0	1	2	3	4	5	6	7
x_i	0.7	1.2	2.9	4.3	5.4	6.8	7.9	9.5
y_i	0.7	2.1	11.5	28.1	41.9	72.3	91.4	135.7

求呈指数模型 $y = ax^b$ 的拟合曲线.

提示：对 $y = ae^{bx}$ 两边取对数得到 $\ln y = \ln a + b\ln x = A + b\ln x$，其中 $a = e^A$.

第 6 章　数值积分与数值微分

若函数 $f(x)$ 的表达式很复杂或未知，计算函数 $f(x)$ 在给定区间的定积分或在给定点的导数就可利用数值方法计算近似值. 设被插函数 $f(x)$ 的插值多项式为 $p_n(x)$，根据数据建模方法的思想，通过对 $p_n(x)$ 进行各种运算，就可以获得 $f(x)$ 相应运算的近似值，这是数值积分与数值微分的基本思想.

6.1　复化求积公式

6.1.1　知识要点

设函数 $f(x)$ 的 Lagrange 插值多项式与插值余项分别为 $L_n(x)$ 与 $R_n(x)$，则由区间 $[a,b]$ 上 $n+1$ 个互异的节点 $x_i(i=0,1,\cdots,n)$ 及其对应的函数值 $y_i=f(x_i)$ 可建立如下插值型求积公式

$$\int_a^b f(x)dx \approx \sum_{i=0}^{n} f(x_i)\int_a^b l_i(x)dx \tag{6.1}$$

其中求积系数 A_i 与余项 $R[f]$分别为

$$A_i=\int_a^b l_i(x)dx=\int_a^b \prod_{\substack{j=0\\ j\neq i}}^{n}\frac{x-x_j}{x_i-x_j}dx \tag{6.2}$$

$$R[f]=\int_a^b [f(x)-L_n(x)]dx=\int_a^b R_n(x)dx=\int_a^b \frac{f^{(n+1)}(\xi)}{(n+1)!}\prod_{i=0}^{n}(x-x_i)dx$$

这里 $f(x)$ 在 $[a,b]$ 有连续的高阶导数，$\xi\in(a,b)$ 且与 x 有关. 若存在常数 $M_{n+1}>0$，对任意 $x\in(a,b)$，有 $\left|f^{(n+1)}(x)\right|\leqslant M_{n+1}$，则插值型求积公式的余项估计式为

$$|R[f]|\leqslant \frac{M_{n+1}}{(n+1)!}\int_a^b \prod_{i=0}^{n}|x-x_i|dx \tag{6.3}$$

可以证明，由给定的 $n+1$ 个互异节点 $x_0,x_1,\cdots,x_n$ 构造的数值求积公式是插值型求积公式的充要条件是它的代数精度至少是 n.

将积分区间 $[a,b]$ 分别 1，2 及 4 等分，可建立如下三个插值型求积公式

$$T=\frac{b-a}{2}[f(a)+f(b)] \tag{6.4}$$

$$S=\frac{b-a}{6}\left[f(a)+4f\left(\frac{a+b}{2}\right)+f(b)\right] \tag{6.5}$$

$$C=\frac{b-a}{90}\left[7f(a)+32f\left(\frac{3a+b}{4}\right)+12f\left(\frac{a+b}{2}\right)+32f\left(\frac{a+3b}{4}\right)+7f(b)\right] \tag{6.6}$$

公式（6.4）—（6.6）分别称为梯形、Simpson 和 Cotes 求积公式，它们的代数精度分别为 1，3 和 5.

为提高数值积分的精度，需要构造复化求积公式：将积分区间$[a,b]$分成若干子区间，在每个子区间上采用低阶求积公式计算积分近似值，然后将各个子区间上的积分近似值求和，从而获得区间$[a,b]$上的定积分. 可以证明，复化求积公式的代数精度等于求积公式在子区间上的代数精度.

将积分区间$[a,b]$ n 等分，记 $x_0=a$，$x_n=b$，$h=\dfrac{b-a}{n}$，在每个子区间$[x_i,x_{i+1}]$ $(i=0,1,\cdots,n-1)$ 上应用梯形公式，可导出复化梯形公式及余项

$$T_n=\frac{h}{2}\left[f(a)+2\sum_{i=1}^{n-1}f(x_i)+f(b)\right] \tag{6.7}$$

$$R[T_n]=-\frac{h^3}{12}n\sum_{i=0}^{n-1}f''(\xi)=-\frac{b-a}{12}h^2f''(\xi),\quad \xi\in(a,b) \tag{6.8}$$

当 h 充分小时，复化梯形公式的余项可表示为

$$R[T_n]\approx-\frac{h^2}{12}\int_a^b f''(x)dx=-\frac{h^2}{12}[f'(b)-f'(a)] \tag{6.9}$$

在每个子区间$[x_i,x_{i+1}]$上应用 Simpson 公式，可得复化 Simpson 公式及余项

$$S_n=\frac{h}{6}\left[f(a)+4\sum_{i=0}^{n-1}f\left(x_{i+\frac{1}{2}}\right)+2\sum_{i=1}^{n-1}f\left(x_i\right)+f(b)\right] \tag{6.10}$$

其中 $x_{i+\frac{1}{2}}=x_0+\left(i+\dfrac{1}{2}\right)h$ 为子区间$[x_i,x_{i+1}]$中点的坐标.

$$R[S_n]=-\frac{b-a}{180}\left(\frac{h}{2}\right)^4 f^{(4)}(\xi),\quad \xi\in(a,b) \tag{6.11}$$

当 h 充分小时，复化 Simpson 公式的余项可表示为

$$R[S_n]\approx-\frac{1}{180}\left(\frac{h}{2}\right)^4[f'''(b)-f'''(a)] \tag{6.12}$$

在每个子区间上应用 Cotes 公式，则可导出如下复化 Cotes 公式及余项

$$C_n = \frac{h}{90}\left[7f(a) + 32\sum_{i=0}^{n-1} f\left(x_{i+\frac{1}{4}}\right) + 12\sum_{i=0}^{n-1} f\left(x_{i+\frac{1}{2}}\right) + 32\sum_{i=0}^{n-1} f\left(x_{i+\frac{3}{4}}\right) + 14\sum_{i=1}^{n-1} f(x_i) + 7f(b)\right] \tag{6.13}$$

其中 $x_{i+\frac{1}{4}} = x_i + \frac{h}{4}$，$x_{i+\frac{2}{4}} = x_i + \frac{h}{2}$ 和 $x_{i+\frac{3}{4}} = x_i + \frac{3}{4}h$ 依次为将子区间 $[x_i, x_{i+1}]$ 四等分后 3 个内分点的坐标.

$$R[C_n] = -\frac{2(b-a)}{945}\left(\frac{h}{4}\right)^6 f^{(6)}(\xi),\quad \xi \in (a,b) \tag{6.14}$$

当 h 充分小时，复化 Cotes 公式的余项可表示为

$$R[C_n] \approx -\frac{2}{945}\left(\frac{h}{4}\right)^6 \left[f^{(5)}(b) - f^{(5)}(a)\right] \tag{6.15}$$

给定复化求积公式的截断误差时，运用余项公式（6.8），（6.11）以及（6.14）可以估计对积分区间要作的等分数，也即步长 h 的取值. 例如，若要计算定积分 $I = \int_0^{\pi} \sin x dx$，使误差不超过$10^{-4}$，则由余项公式（6.8）和（6.11）可知，用复化梯形公式与复化 Simpson 公式时对积分区间要作的等分数 n 分别满足

$$\left|R[T_n]\right| \leqslant \frac{\pi}{12}\left(\frac{\pi}{n}\right)^2 \max_{0\leqslant x\leqslant\pi}|\sin x| \leqslant 10^{-4},\quad n^2 \geqslant \frac{\pi^3}{12}\times 10^4，由此可得 n \geqslant 161.$$

$$\left|R[S_n]\right| \leqslant \frac{\pi}{180}\left(\frac{\pi}{2n}\right)^4 \max_{0\leqslant x\leqslant\pi}|\sin x| \leqslant 10^{-4},\quad n^4 \geqslant \frac{\pi^5}{2880}\times 10^4，由此可得 n \geqslant 6.$$

6.1.2　算法描述

用 Cotes 公式计算定积分的算法如下：

算法 6-1：Cotes 求积方法

1）输入被积函数 $f(x)$，积分区间左端点 a 和右端点 b.

2）将积分区间 $[a,b]$ 四等分，求出步长 h.

3）求出积分区间上五个求积节点的坐标及各求积节点处的函数值.

4）由 Cotes 公式（6.6）求出定积分.

5）输出计算结果.

6）结束.

用复化梯形公式计算定积分的算法如下：

算法 6-2：复化梯形求积方法

1）输入被积函数 $f(x)$，积分区间左端点 a，右端点 b 和区间等分数 n.

2）求出步长 h.

3）求出各求积节点的坐标 $x_i = x_0 + i \cdot h (i = 0,1,\cdots,n)$ 及对应的函数值 $f(x_i)$.

4）由复化梯形（6.7）求出定积分.

5）输出计算结果.

6）结束.

用复化 Simpson 公式计算定积分的算法如下：

算法 6-3：复化 Simpson 求积方法

1）输入被积函数 $f(x)$，积分区间左端点 a，右端点 b 和区间等分数 n.

2）求出步长 h.

3）求出各求积节点的坐标 $x_i = x_0 + i \cdot h (i = 0,1,\cdots,n)$ 及对应的函数值 $f(x_i)$.

4）求出各个子区间 $[x_i, x_{i+1}]$ 的中点坐标 $x_{i+\frac{1}{2}}$ 及对应的函数值 $f\left(x_{i+\frac{1}{2}}\right)$.

5）由复化 Simpson 公式（6.10）求出定积分.

6）输出计算结果.

7）结束.

6.1.3　编程实现举例

例 6-1　用 Cotes 公式计算定积分 $I = \int_0^1 \frac{4}{1+x^2} dx$.

解　Matlab 程序如下：

```
% ****************************************************************
% 用 Cotes 公式计算定积分程序 Cotes.m
% ================================================================
clear all; clc;
a=0; b=1; n=4;
h=(b-a)/n;                          % 将区间[a,b]四等分
f=@(x) 4.0/(1+x.^2);                % 以匿名函数定义被积函数
for i=1:n+1
    x(i)=a+(i-1)*h;                 % 求出各个求积节点的坐标
    y(i)=f(x(i));                   % 求出各求积节点的函数值
end
temp0=7*y(1)+32*y(2)+12*y(3)+32*y(4)+7*y(5);
```

```
ICotes=(b-a)*temp0/90;          % 由 Cotes 公式求出定积分
fprintf('用 Cotes 公式计算的定积分结果为: I_Cotes= %10.8f.\n',ICotes)
```

```
>>Cotes↙
用 Cotes 公式计算的定积分结果为: I_Cotes= 3.14211765.
>>
```

例 6-2 将积分区间[0, 1] 20 等分，分别用复化梯形公式和复化 Simpson 公式计算定积分 $I=\int_0^1 \frac{4}{1+x^2}dx$.

解 Matlab 程序如下：

```
% ******************************************************************
% 用复化梯形公式和复化 Simpson 公式计算定积分程序 Composites.m
% ==================================================================
clear all; clc;
f= @(x) 4.0/(1+x.^2);             % 以匿名函数定义被积函数
n=20;                             % 用 Simpson 求积公式时的区间等分数
a=0; b=1; h=(b-a)/n;
for i=1:n+1
    x(i)=a+(i-1)*h;
    y(i)=f(x(i));
end
temp=y(1)+y(n+1);
for i=2:n
    temp=temp+2*y(i);
end
Tn=h/2*temp;                      % 用复化梯形公式求定积分
fprintf('用复化梯形公式计算的定积分结果为:      Tn= %10.8f.\n',Tn)
n=n/2;                            % 用 Simpson 求积公式时的区间等分数
h=(b-a)/n;
x=zeros(1,n+1); y=zeros(1,n+1);
xm=zeros(1,n); ym=zeros(1,n);
x(1)=a; y(1)=f(a);
for i=2:n+1                       % 求出区间端点与中点的坐标及其函数值
    x(i)=a+(i-1)*h;
    y(i)=f(x(i));
    xm(i-1)=x(i-1)+h/2;
    ym(i-1)=f(xm(i-1));
end
temp1=f(a+h/2); temp2=0;
for i=2:n
    temp1=temp1+ym(i);
```

```
    temp2=temp2+y(i);
end
Sn=h/6*(f(a)+4*temp1+2*temp2+f(b));      % 用复化 Simpson 公式求定积分
fprintf('用复化 Simpson 公式计算的定积分结果为:  Sn= %10.8f.\n',Sn)
```

```
>>Composites↙
用复化梯形公式计算的定积分结果为:        Tn= 3.14117599.
用复化 Simpson 公式计算的定积分结果为:  Sn= 3.14159265.
>>
```

6.2　变步长梯形求积公式

6.2.1　知识要点

运用复化求积公式时，若选取的步长过大，计算结果可能达不到要求的精度，但若选取的步长太小，又会增加不必要的计算量. 为选择恰当的步长，通常采用将最初选取的步长逐次减半的变步长方法求出满足精度要求的结果.

将$[a,b]$区间 n 等分，记步长为 h，则由梯形公式可求得T_n. 再将$[a,b]$区间 $2n$ 等分，也就是将步长减为原来的一半，则可推得变步长递推梯形公式

$$T_{2n}=\frac{1}{2}T_n+\frac{h}{2}\sum_{i=0}^{n-1}f\left(x_{i+\frac{1}{2}}\right) \tag{6.16}$$

上式表明，步长减半后得到的积分值等于原积分值的二分之一，再加上新增节点的函数值之和与原步长之积的二分之一. 因此，计算将步长减半后的积分值时，只需通过计算新增节点的函数值即可实现，计算工作量几乎节省了一半.

变步长递推梯形公式中的步长为$\dfrac{h}{2^n}$，n 为步长减半的次数. 因为复化梯形公式收敛，所以用变步长方法构造的近似值序列$T\left(\dfrac{h}{2^0}\right),T\left(\dfrac{h}{2^1}\right),\cdots,T\left(\dfrac{h}{2^n}\right),\cdots$收敛于定积分的精确值.

由复化梯形公式的余项公式（6.9）可推得

$$I-T_{2n}\approx\frac{1}{3}\left(T_{2n}-T_n\right) \tag{6.17}$$

上式表明，用变步长梯形公式求定积分时，可以将步长减半前后计算的积分值之差小于预先给定的计算精度要求ε作为计算终止条件，即

$$\left|T_{2n}-T_n\right|<\varepsilon \tag{6.18}$$

6.2.2　算法描述

用变步长递推梯形公式计算定积分的算法如下：

算法 6-4：变步长递推梯形求积法

1）输入被积函数 $f(x)$，积分区间左右端点 a 和 b.

2）输入精度要求 ε，取步长 $h=b-a$，取步长减半次数 $n=1$.

3）由梯形公式（6.4）计算 T_1，由变步长递推梯形公式（6.16）计算 T_2.

4）如果 $|T_2-T_1|<\varepsilon$，转步骤 6）；否则，转步骤 5）.

5）将步长 h 减半，$n=n+1$，取 $T_1=T_2$，然后分别计算新增求积节点的坐标 $x_{i+\frac{1}{2}}$、对应的函数值以及函数值的和 $\sum_{i=0}^{n-1} f\left(x_{i+\frac{1}{2}}\right)$，由变步长递推梯形公式计算 $T_2=\frac{1}{2}T_1+\frac{h}{2}\sum_{i=0}^{n-1} f\left(x_{i+\frac{1}{2}}\right)$，转步骤 4）.

6）输出计算结果.

7）结束.

6.2.3　编程实现举例

例 6-3　定义 $f(0)=1$，用变步长递推梯形公式计算定积分 $I=\int_0^1 \frac{\sin x}{x}dx$ 的值，要求分别取精度 ε=10^{-5} 和 ε=10^{-9}，并比较两种精度要求下的步长减半次数.

解　Matlab 程序如下：

```
% ***************************************************************
% 用变步长递推梯形公式计算定积分程序 VSTrapezoid.m
% ===============================================================
clear all;clc;
f= @(x) sin(x)./x;               % 以匿名函数定义被积函数
a=0; b=1; h=b-a;
epsilon=input('请输入计算精度要求 epsilon=:');
fa=1;                            % 输入 f(0)的值
T1=h/2 *(fa + f(b));             % 梯形公式
T2=T1/2+h/2*f(a+h/2);            % 变步长递推梯形公式
n=1;                             % 步长减半次数
while abs(T2-T1)>=epsilon
    h=h/2; T1=T2; n=n+1;
    S=0; x=a+h/2;
```

```
    while x <= b
        S=S+f(x);               % 计算新增求积节点的函数值之和
        x=x+h;
    end
    T2=T1/2+h/2*S;              % 变步长递推梯形公式
end
fprintf('满足精度要求的积分近似值为 I = %9.10f \n',T2);
fprintf('步长共减半 %d 次\n',n);
```

```
>>VSTrapezoid↙
请输入计算精度要求 epsilon=:1.0e-5
满足精度要求的积分近似值为 I = 0.9460815385
步长共减半 7 次
>>VSTrapezoid↙
请输入计算精度要求 epsilon=:1.0e-9
满足精度要求的积分近似值为 I = 0.9460830703
步长共减半 14 次
>>
```

6.3 Romberg 求积公式

6.3.1 知识要点

变步长递推梯形求积方法算法简单，编程容易，但收敛速度缓慢，需要设法改进，提高计算精度. 将代数精度为 1 的复化梯形公式 T_{2n} 与 T_n 加权平均，可得代数精度为 3 的复化 Simpson 公式：

$$S_n = \frac{4}{3}T_{2n} - \frac{1}{3}T_n = \frac{4}{4-1}T_{2n} - \frac{1}{4-1}T_n \tag{6.19}$$

将代数精度为 3 的复化 Simpson 公式 S_{2n} 与 S_n 加权平均，可得代数精度为 5 的复化 Cotes 公式：

$$C_n = \frac{16}{15}S_{2n} - \frac{1}{15}S_n = \frac{4^2}{4^2-1}S_{2n} - \frac{1}{4^2-1}S_n \tag{6.20}$$

进一步地，将代数精度为 5 的复化 Cotes 公式 C_{2n} 与 C_n 加权平均，可得代数精度为 7 的 Romberg 求积公式：

$$R_n = \frac{64}{63}C_{2n} - \frac{1}{63}C_n = \frac{4^3}{4^3-1}C_{2n} - \frac{1}{4^3-1}C_n \tag{6.21}$$

由若干代数精度相对较低的求积公式经过组合导出代数精度更高的求积公式的方法称为 Richardson 外推算法. 由复化梯形公式经变步长梯形递推公式及加速

收敛公式(6.19)—(6.21)加工得到代数精度达 7 的积分公式的方法称为 Romberg 求积算法. 给定计算精度要求 ε 后，Romberg 求积算法的计算终止的条件为

$$\left|R_{2n}-R_n\right|<\varepsilon \tag{6.22}$$

经过三次加权平均，将代数精度为 1 的复化梯形公式序列 $\{T_n\}$ 逐步加工成代数精度为 7 的 Romberg 求积公式序列 $\{R_n\}$ 的流程如图 6-1 所示，其中的数字标号表示计算的顺序.

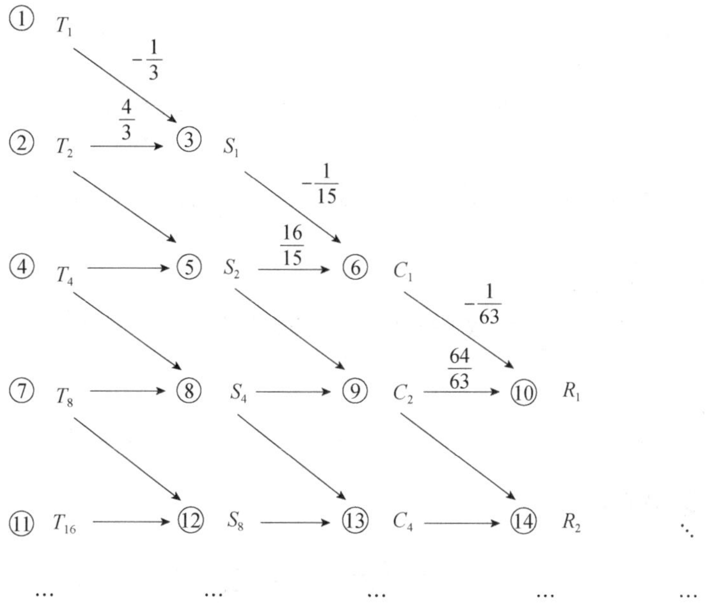

图 6-1　Romberg 求积算法顺序图

Romberg 求积算法顺序图 6-1 可以视为含有 i 行 4 列的下三角矩阵 $R[i,4]$，其中第 1 列 $R[i, 1]$由变步长递推梯形公式求得，后面第 2，3，4 列的每个值由前一列对应的两个值组合得到，即

$$R[i,j]=\frac{4^j}{4^j-1}R[i,j-1]-\frac{1}{4^j-1}R[i-1,j-1],\quad j=2,3,4 \tag{6.23}$$

在 Romberg 求积算法中，要计算 R_1，就需要先计算出 C_2,S_4,T_8，因而需要将 $[a,b]$ 区间 8 等分. 因为计算 R_1 时 Romberg 求积公式中有 9 个求积节点，但其代数精度为 7，所以 Romberg 求积公式已不再属于插值型求积公式.

6.3.2　算法描述

根据 Romberg 求积顺序图及式（6.23），Romberg 求积算法可描述如下：

算法 6-5：Romberg 求积算法

1）输入被积函数 $f(x)$，积分区间左端点 a，右端点 b 和计算精度要求 ε.

2）计算步长 $h=b-a$，记步长减半次数 $i=1$，用梯形公式计算 $R[1,1]$.

3）步长减半次数 $i=i+1$，$x=a+h/2$，取子区间新增点函数值的和 $s=0$.

4）由变步长梯形公式（6.16）计算 $R[i,1]$，由加速公式（6.19）计算 $R[i,2]$.

5）计算新增求积节点的坐标 $x_{i+\frac{1}{2}}$，求新增求积节点处函数值及其和 $s=\sum_{i=0}^{n-1} f\left(x_{i+\frac{1}{2}}\right)$，

6）如果 $i>2$，用加速公式（6.20）计算 $R[i,3]$，转步骤 7）. 否则，转步骤 8）.

7）如果 $i>3$，用加速公式（6.21）计算 $R[i,4]$，然后转步骤 8）. 否则，直接转步骤 8）.

8）将步长 h 减半，即 $h=h/2$.

9）如果 $i>3$ 且 $|R[i,4]-R[i-1,4]|<\varepsilon$，输出结果 R_{2n}，转步骤 10）. 否则，转步骤 3）.

10）结束.

6.3.3 编程实现举例

例 6-4 用 Romberg 求积算法计算积分 $I=\int_0^1 \frac{4}{1+x^2}dx$ 的值，精确到 10^{-8}.

解 Matlab 程序如下：

```
% ****************************************************************
% 用 Romberg 求积算法计算定积分程序 Rombergp.m
% ================================================================
clear all; clc;
f= @(x) 4./(1+x.^2);                    % 以匿名函数定义被积函数
a=0; b=1;
epsilon=1.0e-8;
i=1; h=b-a;                             % 下标 i 须从 1 开始，不能取 0
R(i,1)=h*(f(a)+f(b))/2;                 % 用梯形公式计算 Tn
fprintf(' i    T(i)           S(i)           C(i)              R(i)');
fprintf('\n%2d %15.10f',i-1,R(i,1));
while 1
    i = i+1;
    s=0; x=a+h/2;                       % 步长减半
```

```
    while(x<=b)
        s=s+f(x); x=x+h;                        % 求区间上新增求积节点函数值的和
    end
    R(i,1)=R(i-1,1)/2+s*h/2;                    % 用变步长梯形递推公式计算 T2n
    fprintf('\n%2d %15.10f',i-1,R(i,1));
    R(i,2)=(4*R(i,1)-R(i-1,1))/3;              % 由 T2n 与 Tn 加速求得 Sn
    fprintf(' %15.10f',R(i,2));
    if (i>2)
        R(i,3)=(16*R(i,2)-R(i-1,2))/15;        % 由 S2n 与 Sn 加速求得 Cn
        fprintf(' %15.10f',R(i,3));
    end
    if (i>3)
        R(i,4)=(64*R(i,3)-R(i-1,3))/63;        % 由 C2n 与 Cn 加速求得 Rn
        fprintf(' %19.10f',R(i,4));
    end
    h=h/2;                                      % 为下次循环求出步长
    if(i>3&abs(R(i,4)-R(i-1,4))<epsilon)       % 判断是否终止 Romberg 计算
         fprintf('\n 所求定积分近似值为: %20.10f \n',R(i,4));
         break;                                 % 终止计算
    end
end
```

```
>>Rombergp↙
i    T(i)             S(i)             C(i)              R(i)
 0   3.0000000000
 1   3.1000000000     3.1333333333
 2   3.1311764706     3.1415686275     3.1421176471
 3   3.1389884945     3.1415925025     3.1415940941      3.1415857838
 4   3.1409416120     3.1415926512     3.1415926611      3.1415926384
 5   3.1414298932     3.1415926536     3.1415926537      3.1415926536
 6   3.1415519635     3.1415926536     3.1415926536      3.1415926536
所求定积分近似值为:         3.1415926536
>>
```

6.4　Gauss-Legendre 求积公式

6.4.1　知识要点

构造梯形公式、Simpson 公式和 Cotes 公式等插值型求积公式时，求积节点是取定的，这样做虽然简化了求积公式的构造过程，但却限制了求积公式代数精度

的进一步提高. 如果按照使求积公式的代数精度达到最大的原则去选取求积节点和确定求积系数，则对于给定的 $n+1$ 个互异的求积节点，可以构造代数精度可达 $2n+1$ 次的 Gauss 型求积公式.

Gauss-Legendre 求积公式是一种 Gauss 型求积公式，它以 $n+1$ 次 Legendre 多项式 $P_{n+1}(x)$ 在区间 $[-1, 1]$ 的 $n+1$ 个零点作为求积节点构造代数精度达 $2n+1$ 次的求积公式，Gauss-Legendre 求积公式基本形式如下：

$$I=\int_{-1}^{1} f(x)dx \approx \sum_{i=0}^{n} A_i f\left(x_i\right) \tag{6.24}$$

其中 $A_0, A_1, \cdots, A_n$ 为求积系数，区间 $[-1, 1]$ 中的点 $x_0, x_1, \cdots, x_n$ 称为 Gauss 点.

n 次 Legendre 多项式可唯一地表示为

$$P_n(x)=\frac{n!}{(2n)!}\frac{d^n}{dx^n}\left[\left(x^2-1\right)^n\right]$$

构造含有 $n+1$ 个节点的 Gauss-Legendre 求积公式时，通过求解代数方程 $P_{n+1}(x)=0$ 即可求出相应的 Gauss 点. 将求得的 Gauss 点代入求积公式(6.24)，根据求积公式的代数精度达 $2n+1$，即可求出相应的求积系数. 节点数不超过 6 的 Gauss-Legendre 求积公式的 Gauss 点、求积系数及代数精度如表 6-1.

表 6-1　Gauss-Legendre 求积公式的 Gauss 点与相应的求积系数

n	节点数 m	Gauss 点 x_i	求积系数 A_i	代数精度
0	1	$x_0=0.0$	$A_0=2.0$	1
1	2	$x_0=-x_1=-0.57735027$	$A_0=A_1=1.0$	3
2	3	$x_0=-x_2=-0.77459667$ $x_1=0.0$	$A_0=A_2=0.55555556$ $A_1=0.88888889$	5
3	4	$x_0=-x_3=-0.86113631$ $x_1=-x_2=-0.33998104$	$A_0=A_3=0.34785485$ $A_1=A_2=0.65214515$	7
4	5	$x_0=-x_4=-0.90617985$ $x_1=-x_3=-0.53846931$ $x_2=0.0$	$A_0=A_4=0.23692689$ $A_1=A_3=0.47862867$ $A_2=0.56888889$	9
5	6	$x_0=-x_5=-0.93246951$ $x_1=-x_4=-0.66120939$ $x_2=-x_3=-0.23861919$	$A_0=A_5=0.17132449$ $A_1=A_4=0.36076157$ $A_2=A_3=0.46791393$	11

根据表 6-1 可方便地写出计算定积分 $I=\int_{-1}^{1} f(x)dx$ 近似值的 Gauss-Legendre

求积公式. 例如，当 $n=2$ 时，三点 Gauss-Legendre 求积公式为

$$I=\int_a^b f(x)dx \approx \frac{5}{9}f\left(-\frac{\sqrt{15}}{5}\right)+\frac{8}{9}f(0)+\frac{5}{9}f\left(\frac{\sqrt{15}}{5}\right)$$
$$\approx 0.55555556f(-0.77459667)+0.88888889f(0)$$
$$+0.55555556f(0.77459667)$$

对于任意积分区间上的定积分 $I=\int_a^b f(x)dx$，通过线性变换

$$x=\frac{b-a}{2}t+\frac{a+b}{2} \tag{6.25}$$

就可将积分区间[a, b]变换为满足 Gauss-Legendre 求积公式要求的区间 $[-1,1]$，即

$$I=\int_a^b f(x)dx=\frac{b-a}{2}\int_{-1}^{1}f\left(\frac{b-a}{2}t+\frac{a+b}{2}\right)dt \approx \frac{b-a}{2}\sum_{i=0}^{n}A_i f\left(\frac{b-a}{2}t_i+\frac{a+b}{2}\right) \tag{6.26}$$

同样地，根据表 6-1 及求积公式（6.26），可方便地写出求定积分 $I=\int_a^b f(x)dx$ 相应的 Gauss-Legendre 求积公式. 当 $n=2$ 时，三点 Gauss-Legendre 求积公式为

$$I=\int_a^b f(x)dx \approx \frac{b-a}{2}\times 0.88888889\times f\left(\frac{a+b}{2}\right)+\frac{b-a}{2}\times 0.55555556$$
$$\times\left[f\left(\frac{b-a}{2}\times 0.77459667+\frac{a+b}{2}\right)+f\left(-\frac{b-a}{2}\times 0.77459667+\frac{a+b}{2}\right)\right] \tag{6.27}$$

Gauss-Legendre 求积公式代数精度高且数值稳定，是定积分数值计算中广泛应用的重要公式.

6.4.2　算法描述

根据表 6-1，用 Gauss-Legendre 求积公式计算定积分的算法可描述如下：

算法 6-6：Gauss-Legendre 求积法

1）输入被积函数 $f(x)$，积分区间左端点 a 和右端点 b.

2）输入 Gauss 点的个数 m.

3）如果 $m>6$，输出提示信息“本程序中可输入的 Gauss 点个数不能超过 6”，转步骤 7）.

4）根据 Gauss 点的个数 m 选取求积系数 A_i 并确定 Gauss 点的参数 $t_i(i=1,2,\cdots,m)$.

5）由公式 $I=\int_a^b f(x)dx \approx \frac{b-a}{2}\sum_{i=0}^{n} A_i f\left(\frac{b-a}{2}t_i+\frac{a+b}{2}\right)$ 计算定积分近似值.

6）输出计算结果.

7）结束.

6.4.3 编程实现举例

例 6-5 分别用 3 点，4 点和 5 点 Gauss-Legendre 求积公式计算定积分 $I=\int_0^1 \frac{4}{1+x^2}dx$ 的近似值.

解 Matlab 程序如下:

```
% ****************************************************************
% 用 Gauss-Legendre 求积公式计算定积分程序 GaussLegendre.m
% ================================================================
clear all; clc;
f=@(x) 4.0./(1+x.^2);
a=0; b=1; format long;
m=input('请输入 Gauss 点的个数 m(0 <= m <= 6): ');
if m>6
    fprintf('本程序中可输入的 Gauss 点个数不能超过 6.\n');
    return
end
switch m
    case 1
        t=0.0; A=2.0;
    case 2
        t=[-0.57735027, 0.57735027]; A=[1.0, 1.0];
    case 3
        t=[-0.77459667, 0.0, 0.77459667];
        A=[0.55555556, 0.88888889, 0.55555556];
    case 4
        t=[-0.86113631, -0.33998104, 0.33998104, 0.86113631];
        A=[0.34785485, 0.65214515, 0.65214515, 0.34785485];
    case 5
        t=[-0.90617985, -0.53846931, 0.0, 0.53846931, 0.90617985];
        A=[0.23692689, 0.47862867, 0.56888889, 0.47862867, 0.23692689];
    otherwise
        t=[-0.93246951, -0.66120939, -0.23861919, 0.23861919, 0.66120939,
           0.93246951];
        A=[0.17132449, 0.36076157, 0.46791393, 0.46791393, 0.36076157,
```

```
            0.17132449];
end
Temp=0.0;
for i=1:m
    x(i)=(b-a)/2*t(i)+(a+b)/2;      % 将积分区间[a,b]变换为[-1,1]
    Temp=Temp+A(i)*f(x(i));
end
GL_Iv=(b-a)/2*Temp;
fprintf('积分近似值为：%18.10f \n',GL_Iv);
```

```
>> GaussLegendre↙
请输入Gauss点的个数 m(0 <= m <= 6): 3
积分近似值为：3.1410681554
>> GaussLegendre↙
请输入Gauss点的个数 m(0 <= m <= 6): 4
积分近似值为：3.1416119051
>> GaussLegendre↙
请输入Gauss点的个数 m(0 <= m <= 6): 5
积分近似值为：3.1415926547
>>
```

6.5　变步长数值微分法

6.5.1　知识要点

数值微分即把函数 $f(x)$ 在点 a 的导数 $f'(a)$ 用点 a 附近节点上函数值的线性组合近似表示. 设 h 为步长，$f(x)$ 在节点 $a-h$，a 和 $a+h$ 处的函数值分别为 $f(a-h)$, $f(a)$ 和 $f(a+h)$，则求 $f(x)$ 在点 a 处一阶导数的中点公式及截断误差分别为

$$f'(a) \approx G(h) = \frac{f(a+h)-f(a-h)}{2h} \tag{6.28}$$

$$f'(a) - G(h) = -\frac{h^2}{6} f'''(\xi),\quad a-h<\xi<a+h \tag{6.29}$$

求函数 $f(x)$ 在点 a 处二阶导数的三点公式及截断误差分别为

$$f''(a) \approx T(h) = \frac{f(a-h)-2f(a)+f(a+h)}{h^2} \tag{6.30}$$

$$f''(a) - T(h) = -\frac{h^2}{12} f^{(4)}(\eta),\quad a-h<\eta<a+h \tag{6.31}$$

公式（6.29）与（6.31）都具有二阶计算精度，从截断误差角度分析，步长 h 越

小计算结果越准确；但从舍入误差或稳定性角度分析，h 越小 $f(a-h)$ 与 $f(a+h)$ 的值就越接近，直接计算将会导致有效位数严重损失，因而用中心差商公式计算微分时步长不宜太小或太大，存在一个最优步长 h_{opt}，一旦 h 取值小于最优步长 h_{opt} 后，计算误差反而会增大.

设 $f(a)$，$f(a-h)$ 和 $f(a+h)$ 的误差分别为 ε_0，ε_1 和 ε_2，$\varepsilon=\max\{|\varepsilon_0|,|\varepsilon_1|,|\varepsilon_2|\}$，则 $f'(a)$ 与 $f''(a)$ 的误差限分别满足

$$\delta(f'(a))=|f'(a)-G(a)|\leqslant\frac{|\varepsilon_1|+|\varepsilon_2|}{2h}\leqslant\frac{\varepsilon}{h}$$

$$\delta(f''(a))=|f''(a)-T(a)|\leqslant\frac{2|\varepsilon_0|+|\varepsilon_1|+|\varepsilon_2|}{h^2}\leqslant\frac{4\varepsilon}{h^2}$$

令 $M_1=\max\limits_{|x-a|\leqslant h}|f'''(x)|$，$M_2=\max\limits_{|x-a|\leqslant h}|f^{(4)}(x)|$，则采用公式（6.28）与（6.30）计算时的误差上界分别为

$$E_1(h)=\frac{\varepsilon}{h}+\frac{h^2}{6}M_1$$

$$E_2(h)=\frac{4\varepsilon}{h^2}+\frac{h^2}{12}M_2$$

根据求极值方法，要使误差 $E_1(h)$ 取最小值，则 h 应满足

$$\frac{\partial E_1(h)}{\partial h}=-\frac{\varepsilon}{h^2}+\frac{h}{3}M_1=0$$

由此可得使 $E_1(h)$ 达到最小值的最优步长为 $h_{opt1}=\sqrt[3]{3\varepsilon/M_1}$.

同理可得，使误差 $E_2(h)$ 达到最小值的最优步长为 $h_{opt2}=2\sqrt[4]{3\varepsilon/M_2}$.

求出 M_1 与 M_2 的工作较繁琐，在某些情形下甚至无法实现，因而确定最优步长是一项困难的工作. 为获得具有较高精度的数值微分结果，需要分别采用中点公式和三点公式的如下变步长数值微分法：首先选择一个初始步长 h_0，通常取 $h_0=1$，利用公式（6.28）求出函数 $f(x)$ 在点 a 处的一阶导数近似值 $G(h_0)$，利用公式（6.30）求出 $f(x)$ 在点 a 处的二阶导数近似值 $T(h_0)$；然后将步长减半得 h_1，再利用公式（6.28）求出 $G(h_1)$，利用公式（6.30）求出 $T(h_1)$；如此反复下去，直到获得具有较高精度的微分近似值. 变步长数值微分法的计算终止条件可用估计最优步长法和满足精度要求法两种方法确定.

估计最优步长法：在步长由初始步长 h_0 逐步减半向最优步长 h_{opt} 接近的过程中，计算精度将越来越高，而当步长小于 h_{opt} 后，继续对步长减半则计算的误差将会增大. 如果经 $n-1$ 次减半后的步长 h_{n-1} 与最优步长 h_{opt} 满足如下关系

$$h_{n-2} < h_{n-1} \leqslant h_{\text{opt}} \leqslant h_n \tag{6.32}$$

则相应的导数近似值满足如下条件

$$|G(h_n) - G(h_{n-1})| \geqslant |G(h_{n-1}) - G(h_{n-2})| \tag{6.33}$$

同理有

$$|T(h_n) - T(h_{n-1})| \geqslant |T(h_{n-1}) - T(h_{n-2})| \tag{6.34}$$

式（6.33）与（6.34）为通过估计最优步长获得的变步长数值微分法计算终止条件，其中 h_{n-1} 为最优步长 h_{opt} 的近似值，$G(h_{n-1})$ 和 $T(h_{n-1})$ 分别为 $f'(a)$ 和 $f''(a)$ 的近似值.

采用上述计算终止条件的算法既可避免直接确定最优步长，又可获得具有较高计算精度的计算结果，因而是一种非常实用的有效算法.

满足精度要求法：对于给定的计算精度要求 ε，如果将步长由初始步长 h_0 第 n 次减半和第 $n+1$ 次减半后求得的导数近似值满足如下条件

$$|G(h_{n+1}) - G(h_n)| < \varepsilon \tag{6.35}$$

$$|T(h_{n+1}) - T(h_n)| < \varepsilon \tag{6.36}$$

即前后两次步长减半后求得的数值微分近似值之差的绝对值小于给定的精度要求，则停止计算. 式（6.35）与（6.36）为满足精度要求时变步长数值微分法计算终止条件，其中 $G(h_{n+1})$ 和 $T(h_{n+1})$ 分别为 $f'(a)$ 和 $f''(a)$ 的近似值.

采用上述计算终止条件的算法同样避免了直接计算最优步长，而且容易编程实现. 但由于步长过小时误差反而会很大，当要求的精度很高时，采用上述计算终止条件的算法可能无法获得满足高精度要求的计算结果. 为避免舍入误差不断增大而产生较大误差甚至错误结果，实际计算时可预设一个合适的步长最大减半次数 M，例如对于 $h_0 = 1$，取 $M = 12$，当步长减半次数大于 M 时停止计算.

6.5.2　算法描述

若以估计最优步长法确定计算终止条件，则用中点公式（6.28）计算函数 $f(x)$ 在点 a 的一阶导数的变步长算法可描述如下：

算法 6-7：以估计最优步长法确定计算终止条件的数值微分中点公式变步长算法

1）输入函数 $f(x)$，初始步长 h_0 以及点 a 的值.

2）步长减半次数 $n = 0$，$h = h_0$，计算 $G_0 = [f(a+h) - f(a-h)]/(2h)$.

3）步长减半：$n = 1$，$h = h_0/2$，计算 $G_1 = [f(a+h) - f(a-h)]/(2h)$.

4）$n=n+1$，$h=h_0 2^{-n}$，计算 $G_n=[f(a+h)-f(a-h)]/(2h)$.

5）如果 $|G_n-G_{n-1}|\geqslant|G_{n-1}-G_{n-2}|$，转步骤 6)；否则，转步骤 4）.

6）输出计算结果 G_{n-1}.

7）结束.

若以满足精度要求法确定计算终止条件，则用三点公式（6.30）计算函数 $f(x)$ 在点 a 的二阶导数的变步长算法可描述如下：

算法 6-8：以满足精度要求法确定计算终止条件的数值微分三点公式变步长算法

1）输入函数 $f(x)$以及点 a 的值.

2）输入初始步长 h_0，计算精度要求 ε 以及步长最大减半次数 M.

3）步长减半次数 $n=0$，$h=h_0$，计算 $T_0=(f(a-h)-2f(a)+f(a+h))/(h^2)$.

4）步长减半：$n=1$，$h=h_0 2^{-n}$，计算 $T_1=(f(a-h)-2f(a)+f(a+h))/(h^2)$.

5）如果 $|T_1-T_0|>\varepsilon$，转步骤 6)；否则，转步骤 7）.

6）如果 $n<M$，则 $n=n+1, h=h_0 2^{-n}, T_0=T_1$，$T_1=(f(a-h)-2f(a)+f(a+h))/(h^2)$，转步骤 5)；否则，输出出错信息，转步骤 8）.

7）输出计算结果 T_1.

8）结束.

6.5.3　编程实现举例

例 6-6　取初始步长 $h_0=1$，用中点公式变步长算法计算函数 $f(x)=x^2e^{-x}$ 在 $x=0.5, 1.0, \cdots, 4.0$ 各点处的一阶导数近似值，并计算各个导数近似值对应的最优步长近似值.

解　Matlab 程序如下：

```
% ***************************************************************
% 用中点公式变步长算法计算函数 f(x) 在 x=a 的一阶导数程序 Midpoint.m
% ===============================================================
clear all; clc;
f=@(x) x*x*exp(-x);
h0=1.0;
fprintf(' 节点 x    一阶导数 f''(x)  步长减半次数 n  最优步长近似值 h\n');
for i=1:8
    a=0.5+0.5*(i-1);                   % 求出要计算导数值的点 a
    n=0; h=h0/2^n;                     % 初始步长为 h0
```

```
    G0=(f(a+h)-f(a-h))/(2*h);          % 用中点公式求点 a 处的 1 阶导数
    n=n+1; h=h0/2^n;                   % 步长减半 1 次
    G1=(f(a+h)-f(a-h))/(2*h);          % 求点 a 处的 1 阶导数
    n=n+1; h=h0/2^n;                   % 步长继续减半一次
    G2=(f(a+h)-f(a-h))/(2*h);          % 求点 a 处的 1 阶导数
    while (abs(G2-G1)< abs(G1-G0))     % 未得到最优步长，不满足计算终止条件
        G0=G1; G1=G2;
        n=n+1; h=h0/2^n;               % 步长继续减半
        G2=(f(a+h)-f(a-h))/(2*h);      % 继续计算点 a 处的 1 阶导数
    end
    fprintf('%8.4f   %14.10f   %6d   %16.10f \n',a,G1,n-1,h*2);
end
```

```
>> Midpoint↙
  节点 x       一阶导数 f '(x)    步长减半次数 n    最优步长近似值 h
  0.5000        0.4548979948        20          0.0000009537
  1.0000        0.3678794412        18          0.0000038147
  1.5000        0.1673476201        17          0.0000076294
  2.0000        0.0000000000        18          0.0000038147
  2.5000       -0.1026062483        17          0.0000076294
  3.0000       -0.1493612051        18          0.0000038147
  3.5000       -0.1585362630        17          0.0000076294
  4.0000       -0.1465251111        16          0.0000152588
>>
```

例 6-7　取初始步长 $h_0 = 0.8$，用三点公式变步长算法计算函数 $f(x) = e^x$ 在点 $x = a$ 处满足精度要求的二阶导数近似值及对应的步长减半次数.

解　Matlab 程序如下：

```
% *****************************************************************
% 用三点公式变步长算法计算函数 f(x) 在 x=a 的二阶导数程序 ThreePoints.m
% ==================================================================
clear all; clc;
f=@(x) exp(x);
a=input('请输入要计算二阶导数值的点 a=: ');
h0=0.8;
epsilon=input('请输入精度要求 epsilon=: ');      % 精度要求
M=12;                                             % 步长最大减半次数
format long
n=0; h=h0/2^n;                        % 初始步长 h=h0
T0=(f(a-h)-2*f(a)+f(a+h))/(h*h);      % 用三点公式求 x=a 处的 2 阶导数
n=n+1; h=h0/2^n;                      % 步长再减半
```

```
   T1=(f(a-h)-2*f(a)+f(a+h))/(h*h);      % 再用三点公式求 x=a 处的 2 阶导数
   while (abs(T1-T0)> epsilon)           % 不满足精度要求和计算终止条件
      if  n <= M                         % 步长减半次数不大于步长最大减半次数
         n=n+1; h=h0/2^n;                % 步长继续减半
         T0=T1;
         T1=(f(a-h)-2*f(a)+f(a+h))/(h*h);  % 继续计算 x=a 处的 2 阶导数
      else
         fprintf('步长减半次数已达%d 次，仍未获得满足精度要求的值.\n',M);
         return
      end
   end
   fprintf('函数在点 a=%f 处的二阶导数为 f''''(a)= %1.8f，步长共减半%d 次.
\n',a,T1,n-1);
```

```
>> Threepoints↙
请输入要计算二阶导数值的点 a=: 1
请输入精度要求 epsilon=: 0.5e-6
函数点 a= 1.000000 处的二阶导数为 f ''(a) = 2.71828197，步长共减半 9 次.
>> Threepoints↙
请输入要计算二阶导数值的点 a=: 1
请输入精度要求 epsilon=: 0.5e-8
步长减半次数已达 12 次，仍未获得满足精度要求的值.
>>
```

编程计算习题 6

6.1 对于函数 $f(x)=\dfrac{\sin x}{x}$，定义 $f(0)=1$，将区间[0, 1] 8 等分，根据九个节点的函数值，分别用复化梯形公式、复化 Simpson 公式和复化 Cotes 公式计算定积分 $I=\int_0^1\dfrac{\sin x}{x}dx$.

6.2 用变步长梯形公式计算积分 $I=\int_0^1\dfrac{4}{1+x^2}dx$，要求精确到$10^{-10}$.

6.3 用 Romberg 求积算法计算下列定积分，要求精确到10^{-7} .

（1）$I=\int_0^1\dfrac{x}{4+x^2}dx$　　　　（2）$I=\int_{-1}^1\sqrt{1-x^2}dx$

6.4 分别用两点、三点、四点和五点 Gauss-Legendre 求积公式计算定积分 $I=\int_0^1\dfrac{x}{4+x^2}dx$，保留 8 位小数.

6.5 取初始步长 $h_0=1$，用中点公式变步长算法计算函数

$$f(x)=\sqrt{x^3+2x^2-2x+15}+\sqrt[6]{x+8}+5x-3$$

在 $x=1.0$，3.0，5.0 处一阶导数的近似值以及对应的步长减半次数.

6.6 取初始步长 $h_0=1$，用三点公式变步长算法求函数 $f(x)=e^{-\frac{1}{2}x^2}$ 在 $x=-2.0$ 以及 $x=2.0$ 处的二阶导数近似值，要求误差不超过 0.5×10^{-7}，并统计步长减半次数.

6.7 用至少四种数值求积法计算定积分 $I=\int_{-1}^{1}e^{-x^2}dx$，保留 6 位小数.

6.8 取初始步长 $h_0=0.8$，分别以估计最优步长法和满足精度要求法确定计算终止条件，用变步长数值微分法计算函数 $f(x)=x^2e^{-x}$ 在点 $x=-1.0$ 处和点 $x=0.5$ 处的二阶导数近似值，要求误差不超过 0.5×10^{-6}，计算结果保留 8 位小数.

第 7 章　常微分方程初值问题的数值解法

科学与工程技术领域中许多问题的数学模型可以用常微分方程的初值问题来描述，但其中大多数方程初值问题的精确解很难甚至根本无法用解析方法求出. 因此，采用数值方法求解常微分方程初值问题具有重要的价值.

对于如下的 1 阶常微分方程初值问题

$$\begin{cases} \dfrac{dy}{dx} = f(x,y), \quad x \in [a,b] \\ y(a) = y_0 \end{cases} \tag{7.1}$$

设函数 $f(x,y)$ 满足常微分方程解的存在唯一性定理条件，初值问题（7.1）的数值解法就是求解析解函数 $y = y(x)$ 在一系列离散的求解节点 $a = x_0 < x_1 < \cdots < x_N = b$ 处的近似值 $y_0, y_1, \cdots, y_N$ 的方法，求得的近似解 $y_0, y_1, \cdots, y_N$ 称为初值问题（7.1）的数值解. 求解节点的选取一般采用等距节点方法，即步长取为定值 $h = (b-a)/N$，各个等距节点的坐标为 $x_n = a + n \cdot h \ (n = 0,1,\cdots,N)$.

常微分方程初值问题的数值解法主要包括单步法和多步法两类. 单步法的特点是计算 y_{n+1} 时只需要用到前一步的值 x_{n+1}, x_n 和 y_n，有了初值后便可逐步计算下去. 单步法主要包括 Euler 方法和 Runge-Kutta 方法等. 多步法的特点是计算 y_{n+1} 时需要用到前面多步的值，即除了用到 x_{n+1}，x_n 和 y_n 外，还要用到 x_{n-p}，$y_{n-p} (p = 1,\cdots,k;\ k \geqslant 1)$ 才能逐步计算下去. 为了使计算公式简单高效，通常只考虑 y_{n+1} 线性依赖于 x_{n+1} 以及 x_{n-p}，$y_{n-p} (p = 0,1,\cdots,k;\ k \geqslant 1)$ 的情形，这样的方法称为线性多步法. 最典型的线性多步法为 Adams 方法.

7.1　Euler 方法

7.1.1　知识要点

常微分方程初值问题的 Euler 方法指用各种 Euler 公式求初值问题（7.1）的数值解. 取定步长 h，常用的 Euler 公式如下：

显式 Euler 公式

$$y_{n+1} = y_n + hf(x_n, y_n) \quad (n = 0,1,\cdots,N) \tag{7.2}$$

隐式 Euler 公式

$$y_{n+1}=y_n+hf(x_{n+1},y_{n+1})\quad(n=0,1,\cdots,N) \tag{7.3}$$

梯形公式

$$y_{n+1}=y_n+\frac{h}{2}[f(x_n,y_n)+f(x_{n+1},y_{n+1})]\quad(n=0,1,\cdots,N) \tag{7.4}$$

改进的 Euler 公式

$$\begin{cases}\text{预测：}\ \overline{y}_{n+1}=y_n+hf(x_n,y_n)\\ \text{校正：}\ y_{n+1}=y_n+\dfrac{h}{2}[f(x_n,y_n)+f(x_{n+1},\overline{y}_{n+1})]\end{cases} \tag{7.5}$$

上述公式中，显式 Euler 公式计算简单但却只有 1 阶精度，隐式 Euler 公式只有 1 阶精度且需要迭代求解，而梯形公式虽然具有 2 阶精度但却是隐式公式，同样需要迭代求解. 改进的 Euler 公式先用显式 Euler 公式预测一个估计值 $\overline{y}_{n+1}$，再用梯形公式计算获得 y_{n+1}，它既为显式公式，又具有 2 阶精度，还避免了求解过程中的反复迭代，因而，改进的 Euler 公式是求解常微分方程初值问题常用的数值方法.

7.1.2　算法描述

用改进的 Euler 公式求解常微分方程初值问题的算法如下：

算法 7-1：改进的 Euler 方法

1）输入函数 $f(x,y)$，区间的左右端点 a 和 b，步长 h 以及初值条件 $y(a)$.

2）$x=a$，$y_c=y(a)$.

3）如果 $x\leqslant b$，转步骤 4)；否则，转步骤 7）.

4）预测：$y_p=y_c+hf(x,y_c)$，校正：$y_c=y_c+\dfrac{h}{2}\left[f(x,y_c)+f(x+h,y_p)\right]$.

5）输出计算结果 y_c.

6）求出下一个求解节点 $x=a+h$，转步骤 3）.

7）结束.

7.1.3　编程实现举例

例 7-1　已知初值问题

$$\begin{cases}y'=-y+x,\quad x\in[0,\ 0.5]\\ y(0)=0\end{cases}$$

取步长 $h=0.1$，分别用显式 Euler 公式和改进的 Euler 公式求解以上初值问题，并

根据精确解 $y=e^{-x}+x-1$ 计算两种方法相应的绝对误差.

解　Matlab 程序如下:

```
% *****************************************************************
% 用显式 Euler 公式及改进的 Euler 公式求解 1 阶常微分方程初值问题程序 CEuler.m
% =================================================================
clear all; clc;
f=@(x,y) -y+x;                         % 常微分方程的右端函数
y=@(x) exp(-x)+x-1;                    % 常微分方程的精确解
a=0.0; b=0.50;                         % 自变量 x 取值区间的左右端点
y0=0.0;                                % 常微分方程解的初值
h=0.1;                                 % 取定步长
format long
fprintf('  节点  显式法  改进法   精确解   显式法误差    改进法误差');
fprintf('\n  x   ye[k]   yc[k]   yx(k)   ye[k]-yx(k)   yc[k]-yx(k)\n');
x=a;                                   % 自变量 x 取区间左端点的值
ye=y0;                                 % 显式 Euler 方法的初值
yc=y0;                                 % 改进的 Euler 方法的初值
yx=y0;                                 % x=a 时解的精确值
while (x <=b)
    fprintf('%10.8f  %12.8f  %12.8f  %12.8f  %12.8f  %12.8f\n',x,
ye,yc,yx,ye-yx,yc-yx);
    ye=ye+h*f(x,ye);                   % 显式 Euler 公式的计算结果
    yp=yc+h*f(x,yc);                   % 改进的 Euler 公式的预测值
    yc=yc+h/2*(f(x,yc)+f(x+h,yp));     % 改进的 Euler 公式的校正值
    yx=y(x+h);                         % 精确解
    x=x+h;                             % 求出下一个求解节点的坐标
end
```

```
>>CEuler↙
  节点         显式法        改进法       精确解      显式法误差     改进法误差
   x           ye[k]        yc[k]        yx(k)      ye[k]-yx(k)   yc[k]-yx(k)
0.00000000  0.00000000  0.00000000  0.00000000   0.00000000   0.00000000
0.10000000  0.00000000  0.00500000  0.00483742  -0.00483742   0.00016258
0.20000000  0.01000000  0.01902500  0.01873075  -0.00873075   0.00029425
0.30000000  0.02900000  0.04121763  0.04081822  -0.01181822   0.00039940
0.40000000  0.05610000  0.07080195  0.07032005  -0.01422005   0.00048190
0.50000000  0.09049000  0.10707577  0.10653066  -0.01604066   0.00054511
>>
```

7.2　Runge-Kutta 法

7.2.1　知识要点

Runge-Kutta（R-K）法是以德国数学家 Runge 和 Kutta 的姓氏命名的一类求解常微分方程初值问题的高精度的单步法，它通过在求解节点 x_n 和 x_{n+1} 组成的区间 $[x_n, x_{n+1}]$ 内预测多个点的斜率值，然后将它们的加权平均值作为区间 $[x_n, x_{n+1}]$ 上的平均斜率，从而构造具有较高精度的计算公式. 经常采用的 Runge-Kutta 法主要包括具有 3 阶精度的 Kutta 法和具有 4 阶精度的经典 Runge-Kutta 法. 改进的 Euler 公式是 2 阶 Runge-Kutta 法的一种特殊形式.

3 阶 Kutta 法公式

$$\begin{cases} y_{n+1} = y_n + \dfrac{h}{6}(k_1 + 4k_2 + k_3) \\ k_1 = f(x_n, y_n) \\ k_2 = f\left(x_n + \dfrac{h}{2}, y_n + \dfrac{h}{2}k_1\right) \\ k_3 = f(x_n + h, y_n - hk_1 + 2hk_2) \end{cases} \tag{7.6}$$

4 阶经典 Runge-Kutta 法公式

$$\begin{cases} y_{n+1} = y_n + \dfrac{h}{6}(k_1 + 2k_2 + 2k_3 + k_4) \\ k_1 = f(x_n, y_n) \\ k_2 = f\left(x_n + \dfrac{h}{2}, y_n + \dfrac{h}{2}k_1\right) \\ k_3 = f\left(x_n + \dfrac{h}{2}, y_n + \dfrac{h}{2}k_2\right) \\ k_4 = f(x_n + h, y_n + hk_3) \end{cases} \tag{7.7}$$

7.2.2　算法描述

用具有 4 阶精度的经典 Runge-Kutta 法求解 1 阶常微分方程初值问题的算法如下：

算法 7-2：1 阶常微分方程初值问题的 4 阶经典 Runge-Kutta 法

1）输入常微分方程右端函数 $f(x, y)$，区间左右端点 a 和 b，以及初值条件 $y(a)$.

2）输入区间[a, b]的等分数 N，计算步长 $h=(b-a)/N$.

3）取 $x=a$， $y_{rk}=y(a)$.

4）如果 $x\leqslant b$，转步骤 5)；否则，转步骤 8）.

5）由公式（7.7）依次计算 $k_1=f(x,y_{rk})$， $k_2=f\left(x+\frac{h}{2},y_{rk}+\frac{h}{2}k_1\right)$， $k_3=f\left(x+\frac{h}{2},y_{rk}+\frac{h}{2}k_2\right)$ 以及 $k_4=f(x+h,y_{rk}+hk_3)$，求出 $y_{rk}=y_{rk}+\frac{h}{6}(k_1+2k_2+2k_3+k_4)$.

6）输出计算结果 y_{rk}.

7）求出下一个求解节点 $x=a+h$，转步骤 4）.

8）结束.

7.2.3 编程实现举例

例 7-2 已知初值问题

$$\begin{cases}\dfrac{dy}{dx}=y-\dfrac{2x}{y}, & x\in[0,1]\\ y(0)=1\end{cases}$$

将区间[0, 1] 10 等分，分别用 3 阶 Kutta 法和 4 阶经典 Runge-Kutta 法求解以上初值问题，并根据精确解 $y=\sqrt{1+2x}$ 计算两种方法相应的误差.

解 Matlab 程序如下：

```
% ******************************************************************
% 用3阶Kutta法和4阶经典Runge-Kutta法求解1阶常微分方程初值问题程序RK34.m
% ==================================================================
clear all; clc;
f=@(x,y) y-2*x/y;                    % 常微分方程的右端函数
y=@(x) sqrt(1+2*x);                  % 常微分方程的精确解
a=0.0; b=1.0; y0=1.0;                % 区间左右端点及初值条件
N=input('请输入区间[a, b]的等分数 N=');
h=(b-a)/N;                           % 求出步长
format long
fprintf('节点  3阶Kutta法  4阶经典R-K法  3阶Kutta法误差  4阶经典R-K法误差');
fprintf('\n    x    yk[k]    yrk[k]    yk[k]-yx(k)    yrk[k]-yx(k)\n');
x=a;                                 % 自变量x取区间左端点的值
yk=y0;                               % 3阶Kutta方法的初值
yrk=y0;                              % 4阶经典R-K方法的初值
yx=y0;                               % x=a时解的精确值
```

```
    while (x <=b)
        fprintf('%8.5f  %12.8f    %12.8f    %12.8f    %15.8f\n',x,yk,
yrk,yk-yx,yrk-yx);
        kk1=f(x,yk);
        kk2=f(x+h/2,yk+h/2*kk1);
        kk3=f(x+h,yk-h*kk1+2*h*kk2);
        yk=yk+h/6*(kk1+4*kk2+kk3);              % 3 阶 Kutta 法的计算结果
        k1=f(x,yrk); k2=f(x+h/2,yrk+h/2*k1);
        k3=f(x+h/2,yrk+h/2*k2); k4=f(x+h,yrk+h*k3);
        yrk=yrk+h/6*(k1+2*k2+2*k3+k4);          % 4 阶 R-K 法的计算结果
        yx=y(x+h);                              % 精确解
        x=x+h;                                  % 求出下一个求解节点的坐标
    end
```

```
>> RK34↙
请输入区间[a, b]的等分数 N=10
  节点     3 阶 Kutta 法   4 阶经典 R-K 法  3 阶 Kutta 法误差  4 阶经典 R-K 法误差
   x         yk[k]          yrk[k]         yk[k]-yx(k)       yrk[k]-yx(k)
0.00000   1.00000000     1.00000000      0.00000000        0.00000000
0.10000   1.09544457     1.09544553     -0.00000055        0.00000042
0.20000   1.18321700     1.18321675      0.00000105        0.00000079
0.30000   1.26491479     1.26491223      0.00000373        0.00000116
0.40000   1.34164791     1.34164235      0.00000712        0.00000157
0.50000   1.41422468     1.41421558      0.00001111        0.00000202
0.60000   1.48325543     1.48324222      0.00001573        0.00000253
0.70000   1.54921439     1.54919645      0.00002105        0.00000311
0.80000   1.61247876     1.61245535      0.00002721        0.00000380
0.90000   1.67335444     1.67332466      0.00003439        0.00000461
1.00000   1.73209360     1.73205637      0.00004279        0.00000556
>>
```

7.3 Adams 方法

7.3.1 知识要点

Adams 方法是求解初值问题的一类典型的线性多步法，它直接利用求解节点处的斜率提高求解精度. 常用的 Adams 方法公式包括具有 4 阶精度的 4 步 4 阶 Adams 显式公式、3 步 4 阶 Adams 隐式公式以及以上两个公式组合的预测-校正公式.

4 步 4 阶 Adams 显式公式及其局部截断误差分别为

$$y_{n+1}=y_n+\frac{h}{24}[55f(x_n,y_n)-59f(x_{n-1},y_{n-1})+37f(x_{n-2},y_{n-2})-9f(x_{n-3},y_{n-3})] \tag{7.8}$$

$$T_{n+1}=\frac{251}{720}h^5y^{(5)}(x_n)+O(h^6) \tag{7.9}$$

3 步 4 阶 Adams 隐式公式及其局部截断误差分别为

$$y_{n+1}=y_n+\frac{h}{24}[9f(x_{n+1},y_{n+1})+19f(x_n,y_n)-5f(x_{n-1},y_{n-1})+f(x_{n-2},y_{n-2})] \tag{7.10}$$

$$T_{n+1}=-\frac{19}{720}h^5y^{(5)}(x_n)+O(h^6) \tag{7.11}$$

虽然隐式公式的稳定性比显式公式好，但采用隐式公式求解时需要迭代. 为既能采用稳定性好的隐式公式又能避免反复迭代，实际应用中一般将 4 步 4 阶 Adams 显式公式（7.8）作为预测公式，求出预测值 $y_{n+1}^{[p]}$，再将 3 步 4 阶 Adams 隐式公式（7.10）作为校正公式，由此可得如下 4 阶 Adams 预测-校正公式（记为 P-C 公式）：

$$\begin{cases}\text{预测：}\ y_{n+1}^{[p]}=y_n+\dfrac{h}{24}[55f(x_n,y_n)-59f(x_{n-1},y_{n-1})+37f(x_{n-2},y_{n-2})-9f(x_{n-3},y_{n-3})]\\ \text{校正：}\ y_{n+1}=y_n+\dfrac{h}{24}\left[9f(x_{n+1},y_{n+1}^{[p]})+19f(x_n,y_n)-5f(x_{n-1},y_{n-1})+f(x_{n-2},y_{n-2})\right]\end{cases} \tag{7.12}$$

Adams 预测-校正公式（7.12）为 4 步公式，计算 $y_{n+1}^{[p]}$ 时需要前 4 步的信息 y_n，y_{n-1}，y_{n-2} 和 y_{n-3}. 因此，要驱动计算，除了初始条件给出的 y_0 外，还需要借助经典 4 阶 Runge-Kutta 法等同阶单步法计算出 y_1，y_2 和 y_3.

如果能够修正 4 阶 Adams 预测-校正公式（7.12）中的 $y_{n+1}^{[p]}$ 和 y_{n+1}，使其更接近 $y(x_{n+1})$，计算精度还可进一步提高. 这一设想可通过改进局部截断误差的表达式实现：记公式（7.12）的校正值为 $y_{n+1}=y_{n+1}^{[c]}$，注意到局部截断误差式（7.9）和（7.11），则 4 阶 Adams 预测-校正公式中的预测公式与校正公式的截断误差可分别表示为

$$y(x_{n+1})-y_{n+1}^{[p]}\approx\frac{251}{720}h^5y^{(5)}(\xi_n)$$

$$y(x_{n+1})-y_{n+1}^{[c]}\approx-\frac{19}{720}h^5y^{(5)}(\eta_n)$$

当 h 充分小时，可以得到 $y^{(5)}(\xi_n)\approx y^{(5)}(\eta_n)$，从而可得 $y(x_{n+1})$ 新的近似值

$$y(x_{n+1})\approx y_{n+1}^{p}+\frac{251}{270}\left(y_{n+1}^{[c]}-y_{n+1}^{[p]}\right)$$

$$y(x_{n+1}) \approx y_{n+1}^{[c]} - \frac{19}{270}\left(y_{n+1}^{[c]} - y_{n+1}^{[p]}\right)$$

记

$$y_{n+1}^{[m]} = y_{n+1}^{[p]} + \frac{251}{270}\left(y_{n+1}^{[c]} - y_{n+1}^{[p]}\right)$$

$$\overline{y}_{n+1}^{[c]} = y_{n+1}^{[c]} - \frac{19}{270}\left(y_{n+1}^{[c]} - y_{n+1}^{[p]}\right)$$

则上述 $y_{n+1}^{[m]}$ 和 $\overline{y}_{n+1}^{[c]}$ 是 $y(x_{n+1})$ 精确度更高的近似值. 由于 $y_{n+1}^{[m]}$ 中的 $y_{n+1}^{[c]}$ 尚未求出，为使计算能够进行，通常改用 $y_n^{[c]} - y_n^{[p]}$ 作为 $y_{n+1}^{[c]} - y_{n+1}^{[p]}$ 的近似，从而 $y_{n+1}^{[m]}$ 的表达式可改为

$$y_{n+1}^{[m]} \approx y_{n+1}^{[p]} + \frac{251}{270}\left(y_n^{[c]} - y_n^{[p]}\right)$$

于是，具有 4 阶精度的 Adams 预测-校正公式（7.12）可进一步加工为如下由预测-修正-校正-修正四个步骤组成的计算公式：

$$\begin{cases} \text{预测：}\ y_{n+1}^{[p]} = y_n + \dfrac{h}{24}[55f(x_n,y_n) - 59f(x_{n-1},y_{n-1}) + 37f(x_{n-2},y_{n-2}) - 9f(x_{n-3},y_{n-3})] \\ \text{修正：}\ y_{n+1}^{[m]} = y_{n+1}^{[p]} + \dfrac{251}{270}\left(y_n^{[c]} - y_n^{[p]}\right) \\ \text{校正：}\ y_{n+1}^{[c]} = y_n + \dfrac{h}{24}\left[9f(x_{n+1},y_{n+1}^{[m]}) + 19f(x_n,y_n) - 5f(x_{n-1},y_{n-1}) + f(x_{n-2},y_{n-2})\right] \\ \text{修正：}\ y_{n+1} = y_{n+1}^{[c]} - \dfrac{19}{270}\left(y_{n+1}^{[c]} - y_{n+1}^{[p]}\right) \end{cases} \tag{7.13}$$

上式称为修正的 4 阶 Adams 预测-校正公式. 可以证明，公式（7.13）的计算精度至少可达 5 阶.

公式（7.13）计算的驱动不仅需要 y_0， y_1， y_2 和 y_3 的值，而且需要 $y_3^{[c]} - y_3^{[p]}$ 的值. 通常 y_0 由初始条件给出，y_1，y_2 和 y_3 借助经典 4 阶 Runge-Kutta 法求得. 对于 $y_3^{[c]} - y_3^{[p]}$，一般取 $y_3^{[c]} - y_3^{[p]} = 0$ 求得 $y_4^{[m]}$，即取 $y_4^{[m]} = y_4^{[p]}$.

修正的 4 阶 Adams 预测-校正公式（7.13）基于步长 h 充分小这一假设导出. 当步长较大时算法并不稳定. 为避免计算结果出现振荡，步长 h 应取相对小的值. 此外，可借助公式（7.13）第四式中的 $y_{n+1}^{[c]} - y_{n+1}^{[p]}$ 确定合适的步长，即对于要求达到的计算精度 $\varepsilon > 0$，可以通过调整 h，使如下不等式成立

$$\left| -\frac{19}{270}\left(y_{n+1}^{[c]} - y_{n+1}^{[p]}\right) \right| \leqslant \varepsilon \tag{7.14}$$

如果不等式不成立，说明 h 取得过大，需要适当减小步长，通常将步长减半，然后重新计算，直到不等式成立；反之，如果上述绝对值远远小于计算精度 ε，在确保不等式成立的前提下，也可适当放大 h.

7.3.2　算法描述

用 4 阶 Adams 预测-校正公式求解 1 阶常微分方程初值问题的算法如下：

算法 7-3：1 阶常微分方程初值问题的 4 阶 Adams 预测–校正法

1）输入常微分方程右端函数 $f(x,y)$，区间左右端点 a 与 b，以及初值条件 $y(a)$.

2）输入区间 $[a,b]$ 的等分数 N，计算步长 $h=(b-a)/N$.

3）取节点号初值为 $i=0$.

4）输出第 i 个求解节点 x_i 及其对应的计算结果 y_i.

5）用 4 阶经典 Runge-Kutta 公式计算 y_{i+1}.

6）$i=i+1$，$x_i=a+i\cdot h$. 如果 $i\leqslant 3$，转步骤 4）；否则，转步骤 7）.

7）输出第 i 个求解节点 x_i 及其对应的计算结果 y_i.

8）计算求解节点 $x_{i+1}=a+(i+1)\cdot h$.

9）预测：$y_{i+1}^{[p]}=y_i+\dfrac{h}{24}[55f(x_i,y_i)-59f(x_{i-1},y_{i-1})+37f(x_{i-2},y_{i-2})-9f(x_{i-3},y_{i-3})]$.

10）校正：$y_{i+1}=y_i+\dfrac{h}{24}\left[9f(x_{i+1},y_{i+1}^{[p]})+19f(x_i,y_i)-5f(x_{i-1},y_{i-1})+f(x_{i-2},y_{i-2})\right]$.

11）$i=i+1$，如果 $i\leqslant N+1$，转步骤 7）；否则，转步骤 12）.

12）结束.

用修正的 4 阶 Adams 预测-校正公式求解 1 阶常微分方程初值问题的算法如下：

算法 7-4：1 阶常微分方程初值问题修正的 4 阶 Adams 预测–校正法

1）输入常微分方程右端函数 $f(x,y)$，区间左右端点 a 与 b，以及初值条件 $y(a)$.

2）输入区间 $[a,b]$ 的等分数 N，求出步长 $h=(b-a)/N$.

3）取节点号初值为 $i=0$.

4）输出求解节点 x_i 及其对应的计算结果 y_i.

5）求出下一个求解节点的坐标 $x_{i+1}=a+(i+1)\cdot h$.

6）如果$i<4$，用 4 阶经典 Runge-Kutta 公式计算y_{i+1}，转步骤 11）；否则，转步骤 7）.

7）预测：$y_{i+1}^{[p]}=y_i+\dfrac{h}{24}[55f(x_i,y_i)-59f(x_{i-1},y_{i-1})+37f(x_{i-2},y_{i-2})-9f(x_{i-3},y_{i-3})]$.

8）如果$i=4$，$y_{i+1}^{[m]}=y_{i+1}^{[p]}$，转步骤 9）；否则，修正：$y_{i+1}^{[m]}=y_{i+1}^{[p]}+\dfrac{251}{270}\times\left(y_i^{[c]}-y_i^{[p]}\right)$，转步骤 9）.

9）校正：$y_{i+1}^{[c]}=y_i+\dfrac{h}{24}\left[9f(x_{i+1},y_{i+1}^{[m]})+19f(x_i,y_i)-5f(x_{i-1},y_{i-1})+f(x_{i-2},y_{i-2})\right]$.

10）再修正：$y_{i+1}=y_{i+1}^{[c]}-\dfrac{19}{270}\left(y_{i+1}^{[c]}-y_{i+1}^{[p]}\right)$.

11）$i=i+1$，如果$i\leqslant N+1$，转步骤 4)；否则，转步骤 12）.

12）结束.

7.3.3 编程实现举例

例 7-3 已知初值问题

$$\begin{cases}\dfrac{dy}{dx}=-y+x+1, & x\in[0,1]\\ y(0)=1.0\end{cases}$$

将区间[0, 1] 10 等分，分别用 4 阶 Adams 预测-校正公式和修正的 4 阶 Adams 预测-校正公式求解该初值问题，并根据精确解$y(x)=e^{-x}+x$计算两种方法相应的误差.

解 4 阶 Adams 预测-校正公式的 Matlab 程序如下：

```
% ****************************************************************
% 用 4 阶 Adams 预测-校正法求解 1 阶常微分方程初值问题程序 PCAdams4.m
% ================================================================
clear all; clc;
f=@(x,y) -y+x+1;                    % 方程的右端函数
y=@(x) exp(-x)+x;                   % 方程的精确解函数
a=0.0; b=1.0;                       % 区间左右端点
y0=1.0;                             % 初值条件
N=input('请输入区间[a, b]的等分数 N=');
h=(b-a)/N;
format long
fprintf(' 节点    4 阶 Adams P-C 法     精确解          绝对误差\n');
fprintf('  x        yadams[k]          yx(k)    yadams[k]-yx(k)\n');
```

```
x=zeros(1,N+2);
yrk=zeros(1,N+2);
yadams=zeros(1,N+2);
yx=zeros(1,N+2);
x(1)=a;                               % 自变量 x 取区间左端点的值
yrk(1)=y0;                            % 4 阶经典 R-K 方法的初值
yadams(1)=yrk(1);                     % 4 阶 Adams  P-C 方法的初值
yx(1)=y0;                             % x=a 时精确解的值
for i=1:3                             % 用 4 阶 R-K 法计算第 1-3 步的结果
    fprintf('%8.5f %15.12f 15.12f  %15.12f\n',x(i),yadams(i),yx(i),
yadams(i)-yx(i));
    k1=f(x(i),yrk(i));
    k2=f(x(i)+h/2,yrk(i)+h/2*k1);
    k3=f(x(i)+h/2,yrk(i)+h/2*k2);
    k4=f(x(i)+h,yrk(i)+h*k3);
    yrk(i+1)=yrk(i)+h/6*(k1+2*k2+2*k3+k4); % 4 阶 R-K 法的计算结果
    yadams(i+1)=yrk(i+1);             % 4 阶 Adams  P-C 法的驱动值
    x(i+1)=a+i*h;                     % x 在下一求解节点的坐标值
    yx(i+1)=y(x(i+1));                % 下一节点处精确解的值
end
for i=4:N+1         `                 % 输出第 i 步的计算结果
    fprintf('%8.5f  %15.12f  %15.12f  %15.12f\n',x(i),yadams(i),
yx(i),yadams(i)-yx(i));
    x(i+1)=a+i*h;
    yx(i+1)=y(x(i+1));                % 第 i+1 个分点处精确解的值
    yp1=55*f(x(i),yadams(i))-59*f(x(i-1),yadams(i-1));
    yp2=37*f(x(i-2),yadams(i-2))-9*f(x(i-3),yadams(i-3));
    yp12=yadams(i)+h/24*(yp1+yp2);            % 预测
    yc1=9*f(x(i+1),yp12)+19*f(x(i),yadams(i));
    yc2=-5*f(x(i-1),yadams(i-1))+f(x(i-2),yadams(i-2));
    yadams(i+1)=yadams(i)+h/24*(yc1+yc2);    % 校正
end
```

```
>>PCAdams↙
请输入区间[a, b]的等分数 N=10
```

节点	4 阶 Adams P-C 法	精确解	绝对误差
x	yadams[k]	yx(k)	yadams[k]-yx(k)
0.00000	1.000000000000	1.000000000000	0.000000000000
0.10000	1.004837500000	1.004837418036	0.000000081964
0.20000	1.018730901406	1.018730753078	0.000000148328
0.30000	1.040818422001	1.040818220682	0.000000201319

```
  0.40000      1.070319918244      1.070320046036      -0.000000127792
  0.50000      1.106530268410      1.106530659713      -0.000000391302
  0.60000      1.148811032554      1.148811636094      -0.000000603540
  0.70000      1.196584531376      1.196585303791      -0.000000772416
  0.80000      1.249328060448      1.249328964117      -0.000000903669
  0.90000      1.306568656793      1.306569659741      -0.000001002947
  1.00000      1.367878366024      1.367879441171      -0.000001075148
>>
```

修正的 4 阶 Adams 预测-校正公式的 Matlab 程序如下：

```
% ****************************************************************
% 用修正的 4 阶 Adams 预测-校正法求解 1 阶常微分方程初值问题程序 PECEAdams.m
% ================================================================
clear all; clc;
f=@(x,y) -y+x+1;                         % 方程的右端函数
y=@(x) exp(-x)+x;                        % 方程的精确解函数
a=0.0; b=1.0;                            % 区间左右端点
y0=1.0;                                  % 初值条件
N=input('请输入区间[a, b]的等分数 N=');
h=(b-a)/N;                               % 求出步长
format long
fprintf(' 节点  修正的 4 阶 Adams P-C 法    精确解        绝对误差\n');
fprintf('  x        cyadams[k]             yx(k)   cyadams[k]-yx(k)\n');
x=zeros(1,N+1); yrk=zeros(1,N+1);
yadams=zeros(1,N+1); cyadams=zeros(1,N+1); yx=zeros(1,N+1);
x(1)=a;
yrk(1)=y0;                               % 4 阶经典 R-K 方法的初值
cyadams(1)=y0;                           % 修正的 4 阶 Adams  P-C 法初值
yx(1)=y0;                                % x=a 时精确解的值
for i=1:N+1     fprintf('%8.5f %18.12f  %18.12f  %18.12f\n',x(i),
cyadams(i),yx(i),cyadams(i)-yx(i));
    x(i+1)=a+i*h;                        % x 在下一节点的坐标值
    yx(i+1)=y(x(i+1));                   % 下一节点处精确解的值
    if i<4
        k1=f(x(i),yrk(i));
        k2=f(x(i)+h/2,yrk(i)+h/2*k1);
        k3=f(x(i)+h/2,yrk(i)+h/2*k2);
        k4=f(x(i)+h,yrk(i)+h*k3);
        yrk(i+1)=yrk(i)+h/6*(k1+2*k2+2*k3+k4); % 用 4 阶 R-K 法求前 4 个值
        cyadams(i+1)=yrk(i+1);                 % 求修正法的驱动值
    else
```

```
            myp1=55*f(x(i),cyadams(i))-59*f(x(i-1),cyadams(i-1));
            myp2=37*f(x(i-2),cyadams(i-2))-9*f(x(i-3),cyadams(i-3));
            myp12=cyadams(i)+h/24*(myp1+myp2);          % 计算预测值
            if i== 4
                myp=myp12;
            else
                myp=myp12+251/270*(mc-mp);              % 计算修正值
            end
            myc1=9*f(x(i+1),myp)+19*f(x(i),cyadams(i));
            myc2=-5*f(x(i-1),cyadams(i-1))+f(x(i-2),cyadams(i-2));
            myc12=cyadams(i)+h/24*(myc1+myc2);          % 计算校正值
            cyadams(i+1)=myc12-19/270*(myc12-myp12);    % 计算再修正值
            mp=myp12;
            mc=myc12;
        end
    end
```

```
>>PCECAdams↙
请输入区间[a, b]的等分数 N=10
  节点      修正的 4 阶 Adams  P-C 法        精确解              绝对误差
   x            cyadams[k]                yx(k)          cyadams[k]-yx(k)
 0.00000     1.000000000000        1.000000000000        0.000000000000
 0.10000     1.004837500000        1.004837418036        0.000000081964
 0.20000     1.018730901406        1.018730753078        0.000000148328
 0.30000     1.040818422001        1.040818220682        0.000000201319
 0.40000     1.070320142073        1.070320046036        0.000000096037
 0.50000     1.106530774910        1.106530659713        0.000000115198
 0.60000     1.148811759364        1.148811636094        0.000000123270
 0.70000     1.196585432930        1.196585303791        0.000000129139
 0.80000     1.249329097361        1.249328964117        0.000000133244
 0.90000     1.306569794942        1.306569659741        0.000000135201
 1.00000     1.367879576774        1.367879441171        0.000000135603
>>
```

7.4　一阶微分方程组与高阶微分方程初值问题的数值解法

7.4.1　知识要点

将微分方程 $y' = f(x, y)$ 中的 y 和 $f(x, y)$ 分别理解为向量和向量函数，求解 1 阶微分方程初值问题（7.1）的各种数值方法同样适用于 1 阶常微分方程组的求解. 对于由两个 1 阶方程组成的微分方程组初值问题

$$\begin{cases} \dfrac{dy}{dx} = f(x,y,z), & y(x_0) = y_0 \\ \dfrac{dz}{dx} = g(x,y,z), & z(x_0) = z_0 \end{cases} \tag{7.15}$$

4 阶经典 Runge-Kutta 法计算公式为

$$\begin{cases} y_{n+1} = y_n + \dfrac{h}{6}(k_1 + 2k_2 + 2k_3 + k_4) \\ z_{n+1} = z_n + \dfrac{h}{6}(m_1 + 2m_2 + 2m_3 + m_4) \\ k_1 = f(x_n, y_n, z_n) \\ m_1 = g(x_n, y_n, z_n) \\ k_2 = f\left(x_n + \dfrac{1}{2}h, y_n + \dfrac{1}{2}hk_1, z_n + \dfrac{1}{2}hm_1 \right) \\ m_2 = g\left(x_n + \dfrac{1}{2}h, y_n + \dfrac{1}{2}hk_1, z_n + \dfrac{1}{2}hm_1 \right) \\ k_3 = f\left(x_n + \dfrac{1}{2}h, y_n + \dfrac{1}{2}hk_2, y_n + \dfrac{1}{2}hm_2 \right) \\ m_3 = g\left(x_n + \dfrac{1}{2}h, y_n + \dfrac{1}{2}hk_2, y_n + \dfrac{1}{2}hm_2 \right) \\ k_4 = f(x_n + h, y_n + hk_3, z_n + hm_3) \\ m_4 = g(x_n + h, y_n + hk_3, z_n + hm_3) \end{cases} \tag{7.16}$$

高阶常微分方程可化为 1 阶常微分方程组，因而，求解微分方程初值问题(7.1)的各种数值方法可用于求解高阶常微分方程初值问题. 对于 n 阶常微分方程初值问题

$$\begin{cases} y^{(n)} = f(x, y, y', \cdots, y^{(n-1)}) \\ y(x_0) = y_0, y'(x_0) = y'_0, \cdots, y^{(n-1)}(x_0) = y_0^{(n-1)} \end{cases} \tag{7.17}$$

引入变量 $y_1 = y$， $y_2 = y'$， …， $y_n = y^{(n-1)}$， 则 n 阶常微分方程初值问题（7.17）可化为如下 1 阶常微分方程组的初值问题

$$\begin{cases} y'_1 = y_2 \\ y'_2 = y_3 \\ \cdots\cdots \\ y'_{n-1} = y_n \\ y'_n = f(x, y_1, y_2, \cdots, y_n) \\ y_1(x_0) = y_0, y_2(x_0) = y'_0, \cdots, y_n(x_0) = y_0^{(n-1)} \end{cases} \tag{7.18}$$

7.4.2　算法描述

用 4 阶经典 Runge-Kutta 法求解 1 阶常微分方程组初值问题（7.15）的算法如下：

算法 7-5：1 阶常微分方程组初值问题的 4 阶经典 Runge-Kutta 法

1）输入方程组右端函数 $f(x, y)$ 与 $g(x, y)$，区间左右端点值 a 和 b，以及初值条件 $y(a)$ 及 $z(a)$.

2）输入步长 h.

3）$y_{rk} = y(a), z_{rk} = z(a)$，$x = a$.

4）如果 $x \leqslant b + h/2$，转步骤 5)；否则，转步骤 8）.

5）按照公式（7.15）依次计算 k_1，m_1，k_2，m_2，k_3，m_3，k_4，m_4，然后求出 y_{rk} 和 z_{rk}.

6）输出计算结果.

7）$x = a + h$，转步骤 4）.

8）结束.

7.4.3　编程实现举例

例 7-4　已知 2 阶微分方程初值问题

$$\begin{cases} y'' = 2y^3, & 1 \leqslant x \leqslant 1.5 \\ y(1) = y'(1) = -1 \end{cases}$$

取步长 $h = 0.1$，用 4 阶 Runge-Kutta 法求方程的数值解，并与精确解 $y(x) = \dfrac{1}{x-2}$ 作比较.

解　此 2 阶微分方程初值问题可转化为如下 1 阶常微分方程组初值问题

$$\begin{cases} \dfrac{dy}{dx} = z, & y(1) = 1, \\ \dfrac{dz}{dx} = 2y^3, & z(1) = 1, \end{cases} \quad x \in [1, 1.5]$$

Matlab 程序如下：

```
% *****************************************************************
% 用 4 阶经典 Runge-Kutta 法求解 2 阶常微分方程组初值问题 RK4odeset.m
% ================================================================
clear all; clc;
```

```
f=@(x,y,z) z;                           % 方程组的右端函数
g=@(x,y,z) 2*y^3;                       % 方程组的右端函数
y=@(x) 1/(x-2);                         % 常微分方程组的精确解
a=1.0; b=1.5;                           % 自变量 x 取值区间的左右端点
y0=-1.0; z0=-1.0;                       % 方程组的初值条件
h=input('请输入步长值 h=');
format long
fprintf('    节点          数值解          精确解          绝对误差\n');
x=a;                                    % x 取区间左端点的值
yx=y0;                                  % x=a 时精确解的值
yrk=y0; zrk=z0;                         % 4 阶经典 R-K 方法的初值
while (x<=b+h/2)
    fprintf('%8.5f   %12.8f   %12.8f   %12.8f\n',x,yrk,yx,yrk-yx);
    k1=f(x,yrk,zrk);m1=g(x,yrk,zrk);
    k2=f(x+h/2,yrk+h*k1/2,zrk+h*m1/2);m2=g(x+h/2,yrk+h*k1/2,zrk+h*m1/2);
    k3=f(x+h/2,yrk+h*k2/2,zrk+h*m2/2);m3=g(x+h/2,yrk+h*k2/2,zrk+h*m2/2);
    k4=f(x+h,yrk+h*k3,zrk+h*m3); m4=g(x+h,yrk+h*k3,zrk+h*m3);
    yrk=yrk+h/6*(k1+2*k2+2*k3+k4);  % 4 阶 Runge-Kutta 方法的计算结果
    zrk=zrk+h/6*(m1+2*m2+2*m3+m4);  % 4 阶 Runge-Kutta 方法的计算结果
    yx=y(x+h);                      % 下一节点处精确解的值
    x=x+h;                          % x 在下一节点的坐标值
end
```

```
>>RK4odeset↙
请输入步长值 h=0.05
   节点           数值解          精确解          绝对误差
1.00000000    -1.00000000    -1.00000000    0.00000000
1.05000000    -1.05263144    -1.05263158    0.00000014
1.10000000    -1.11111079    -1.11111111    0.00000033
1.15000000    -1.17647001    -1.17647059    0.00000058
1.20000000    -1.24999906    -1.25000000    0.00000094
1.25000000    -1.33333188    -1.33333333    0.00000145
1.30000000    -1.42856920    -1.42857143    0.00000223
1.35000000    -1.53845811    -1.53846154    0.00000342
1.40000000    -1.66666134    -1.66666667    0.00000533
1.45000000    -1.81817333    -1.81818182    0.00000849
1.50000000    -1.99998605    -2.00000000    0.00001395
>>
```

编程计算习题 7

7.1 已知初值问题

$$\begin{cases} \dfrac{dy}{dx} = \dfrac{2}{3}xy^{-2}, \quad x \in [0,\ 1] \\ y(0) = 1.0 \end{cases}$$

将区间[0, 1] 10 等分，分别用改进的 Euler 方法和 4 阶经典 Runge-Kutta 法求解该初值问题，并根据精确解 $y(x) = \sqrt[3]{1+x^2}$ 计算两种方法相应的绝对误差.

7.2 已知初值问题

$$\begin{cases} \dfrac{dy}{dx} = -y + x - e^{-1}, \quad x \in [1,\ 3] \\ y(1) = 0 \end{cases}$$

将区间[0, 1] 10 等分，分别用 4 阶 Adams 预测-校正法和修正的 4 阶 Adams 预测-校正公式求解该初值问题，并根据精确解 $y(x) = e^{-x} + x - 1 - e^{-1}$ 计算两种方法相应的绝对误差.

7.3 已知 1 阶常微分方程组初值问题

$$\begin{cases} \dfrac{dy}{dx} = z, & y(0) = -0.4, \\ \dfrac{dz}{dx} = 2x - 2z + e^{2x}\sin x, & z(0) = -0.6, \end{cases} \quad 0 \leqslant x \leqslant 1$$

取步长 $h = 0.1$，用 4 阶 Runge-Kutta 法求方程组初值问题的数值解.

第 8 章　矩阵特征值与特征向量计算的数值方法

设 $\boldsymbol{A}$ 为 n 阶实方阵，若存在一个数值 λ 及一个 n 维非零列向量 $\boldsymbol{x}=(x_1,x_2,\cdots,x_n)^{\mathrm{T}}$，使得矩阵方程

$$\boldsymbol{A}\boldsymbol{x}=\lambda\boldsymbol{x} \tag{8.1}$$

有非零解 $\boldsymbol{x}$，则称 λ 为方阵 $\boldsymbol{A}$ 的特征值，称非零向量 $\boldsymbol{x}$ 为对应于特征值 λ 的特征向量.

计算矩阵 $\boldsymbol{A}$ 的特征值与特征向量即求出满足 $\boldsymbol{A}$ 的特征方程

$$p(\lambda)=\det(\lambda\boldsymbol{I}_n-\boldsymbol{A})=0 \tag{8.2}$$

的数值 λ 及满足矩阵方程

$$(\lambda\boldsymbol{I}_n-\boldsymbol{A})\boldsymbol{x}=\boldsymbol{0}$$

的非零向量 $\boldsymbol{x}$，其中 $\boldsymbol{I}_n$ 为 n 阶单位矩阵.

根据代数理论，n 阶实方阵 $\boldsymbol{A}$ 的特征方程（8.2）在复数域上必有 n 个根. 但当 n 较大时，通过直接求解矩阵特征方程求出矩阵的特征值及对应的特征向量十分困难，某些情形下甚至无法实现，因而需要采用数值方法求解. 计算矩阵特征值与特征向量常用的数值方法包括乘幂法、反幂法、Jacobi 方法以及 QR 方法.

8.1　乘幂法

8.1.1　知识要点

乘幂法是由实方阵 $\boldsymbol{A}$ 以及任取的非零初始向量构造迭代公式，通过迭代求出方阵 $\boldsymbol{A}$ 模最大的特征值和对应的特征向量近似值的数值方法，又称为幂法.

设矩阵 $\boldsymbol{A}\in\mathbf{R}^{n\times n}$ 的 n 个特征值 $\lambda_1,\lambda_2,\cdots,\lambda_n$ 满足条件

$$|\lambda_1|>|\lambda_2|\geqslant|\lambda_3|\geqslant\cdots\geqslant|\lambda_n|\geqslant 0 \tag{8.3}$$

对应的 n 个线性无关的特征向量为 $\boldsymbol{x}_1,\boldsymbol{x}_2,\cdots,\boldsymbol{x}_n$，任取 n 维非零向量 $\boldsymbol{v}_0\in\mathbf{R}^n$，则存在 n 个实数 $\alpha_1,\alpha_2,\cdots,\alpha_n$，使得

$$\boldsymbol{v}_0=\alpha_1\boldsymbol{x}_1+\alpha_2\boldsymbol{x}_2+\cdots+\alpha_n\boldsymbol{x}_n$$

构造向量序列

$$\boldsymbol{v}_k=\boldsymbol{A}\boldsymbol{v}_{k-1},\quad k=1,2,\cdots$$

则有

$$\boldsymbol{v}_k = \boldsymbol{A}\boldsymbol{v}_{k-1} = \boldsymbol{A}^2\boldsymbol{v}_{k-2} = \cdots = \boldsymbol{A}^k\boldsymbol{v}_0$$
$$= \alpha_1\lambda_1^k\boldsymbol{x}_1 + \alpha_2\lambda_2^k\boldsymbol{x}_2 + \cdots + \alpha_n\lambda_n^k\boldsymbol{x}_n$$

由此可得

$$\boldsymbol{v}_k = \lambda_1^k\left[\alpha_1\boldsymbol{x}_1 + \alpha_2\left(\frac{\lambda_2}{\lambda_1}\right)^k\boldsymbol{x}_2 + \cdots + \alpha_n\left(\frac{\lambda_n}{\lambda_1}\right)^k\boldsymbol{x}_n\right] \tag{8.4}$$

当 k 充分大时，有

$$\boldsymbol{v}_k \approx \lambda_1^k\alpha_1\boldsymbol{x}_1 \tag{8.5}$$

从而有

$$\frac{\boldsymbol{v}_{k+1}}{\boldsymbol{v}_k} = \frac{\boldsymbol{A}\boldsymbol{v}_k}{\boldsymbol{A}\boldsymbol{v}_{k-1}} \approx \frac{\lambda_1^{k+1}\alpha_1\boldsymbol{x}_1}{\lambda_1^k\alpha_1\boldsymbol{x}_1} = \lambda_1$$
$$\boldsymbol{A}\boldsymbol{v}_k = \boldsymbol{v}_{k+1} \approx \lambda_1^{k+1}\alpha_1 x_1 \approx \lambda_1\boldsymbol{v}_k$$

于是，当 k 充分大时，相邻两次迭代产生的向量 $\boldsymbol{v}_{k+1}$ 与 $\boldsymbol{v}_k$ 的比值就是模最大的特征值 λ_1 的近似值，当 $\alpha_1 \neq 0$ 时，$\boldsymbol{v}_k$ 就是对应于模最大的特征值 λ_1 的特征向量的近似值.

由式（8.4）可知，乘幂法的收敛速度取决于比值 $|\lambda_i/\lambda_1|$ $(i = 2,3,\cdots,n)$ 的大小.比值越小，收敛速度越快，当比值接近于 1 时，收敛速度将十分缓慢；由式（8.5）可知，如果 $|\lambda_1| > 1$，则向量 $\boldsymbol{v}_k$ 各个不为零的分量的绝对值将随迭代次数 k 的增大越来越大；反之，如果 $|\lambda_1| < 1$，则 $\boldsymbol{v}_k$ 各个不为零的分量的绝对值将随 k 的增大越来越小，两种情形下计算结果都可能会超出计算机浮点数的表示范围，从而产生“上溢”或“下溢”. 为避免发生溢出，需要对每步迭代产生的向量进行规范化，即将 $\boldsymbol{v}_k$ 的各分量都除以绝对值最大的分量，使其模最大的分量不会随着 k 的增大而趋向于无穷或趋向于 0. 由此可得乘幂法的迭代公式如下

$$\begin{cases} \boldsymbol{u}_k = \boldsymbol{A}\boldsymbol{v}_{k-1} \\ \mu_k = \max(\boldsymbol{u}_k) \\ \boldsymbol{v}_k = \boldsymbol{u}_k / \mu_k \end{cases} \tag{8.6}$$

其中 $\max(\boldsymbol{u}_k)$ 表示向量 $\boldsymbol{u}_k$ 绝对值最大的分量.

可以证明，由迭代公式（8.6）生成的实数序列 $\{\mu_k\}$ 和向量序列 $\{\boldsymbol{v}_{k-1}\}$ 满足

$$\lim_{k\to\infty}\mu_k = \lambda_1，\ \lim_{k\to\infty}\boldsymbol{v}_k = \frac{\boldsymbol{x}_1}{\max(\boldsymbol{x}_1)} \tag{8.7}$$

所以，当迭代次数 k 充分大时，μ_k 是 $\boldsymbol{A}$ 的模最大的特征值 λ_1 的近似值，$\boldsymbol{v}_k$ 为 μ_k 对应的特征向量 $\boldsymbol{x}_1$ 规范化的近似值.

对于给定的计算精度要求 $\varepsilon > 0$，终止迭代计算的条件为

$$|\mu_k - \mu_{k-1}| < \varepsilon \tag{8.8}$$

乘幂法方法简单，编程实现容易，但只能求出实方阵 $\boldsymbol{A}$ 模最大的特征值和对应的特征向量，且收敛速度相对缓慢.

8.1.2　算法描述

对于给定的实方阵 $\boldsymbol{A}$，用乘幂法求出 $\boldsymbol{A}$ 模最大的特征值和对应的特征向量的算法如下：

算法 8-1：求实方阵模最大的特征值和对应的特征向量的乘幂法

1）输入矩阵 $\boldsymbol{A}$，最大迭代次数 N，以及精度要求 ε.

2）计算矩阵 $\boldsymbol{A}$ 的阶数 n，输入非零初始向量 $\boldsymbol{v}_0$.

3）取迭代次数初值 $k=0$，取模最大的特征值 λ_1 的初值 $\mu_0=0$.

4）$k=k+1$，计算 $\boldsymbol{u}_k=\boldsymbol{A}\boldsymbol{v}_{k-1}$，求出 $\mu_k=\max(\boldsymbol{u}_k)$ 以及 $\boldsymbol{v}_k=\boldsymbol{u}_k/\mu_k$.

5）如果 $|\mu_k-\mu_{k-1}|<\varepsilon$，输出求得的特征值与对应的特征向量，转步骤 7)；否则，转步骤 6）.

6）如果 $k<N$，转步骤 4)；否则，输出出错信息，转步骤 7）.

7）结束.

8.1.3　编程实现举例

例 8-1　用乘幂法求矩阵 $\boldsymbol{A}$ 模最大的特征值及其对应的特征向量

$$\boldsymbol{A}=\begin{pmatrix}0&1&2&2\\2&3&0&1\\3&0&1&2\\1&2&3&0\end{pmatrix}$$

要求精确到小数点后 8 位.

解　Matlab 程序如下：

```
% ****************************************************************
% 用乘幂法求矩阵模最大的特征值和对应的特征向量程序 PowerM.m
% ================================================================
clear all;
A=[0,1,2,2;2,3,0,1;3,0,1,2;1,2,3,0];
N=input('请输入最大迭代次数 N=: ');
mu0=0.0;                         % 模最大的特征值的初值
epsilon=1.0e-8;                  % 指定计算精度要求
n=length(A);                     % 求出方阵 A 的阶数
v=ones(n,1);                     % 模最大特征值对应的特征向量的初值
```

```
format long
for k=1:N
    u=A*v;
    mu=abs(u(1)); mi=1;
    for i=2:n                        % 求出 mu=max(u)及其序号
        if abs(u(i))>mu
            mu=abs(u(i)); mi=i;
        end
    end
    mu=u(mi);                        % 求得 mu=max(u)
    v=u/mu;
    if (abs(mu-mu0) < epsilon)  % 判断计算结果是否满足计算精度要求
        fprintf('模最大的特征值为: %12.8f\n',mu);
        fprintf('对应的特征向量为: \n');
        for i=1:n
            fprintf('%12.8f',v(i));
        end
        fprintf('\n 迭代次数为 k=: %2d\n',k);
        return;
    else
        mu0=mu;
    end
end
fprintf('迭代次数已经达到最大迭代次数%2d，仍未获得达到精度要求的特征值.\n',N)
```

```
>>PowerM↙
请输入最大迭代次数 N=: 20
迭代次数已经达到最大迭代次数 20，仍未获得达到精度要求的主特征值.
>>
>>PowerM↙
请输入最大迭代次数 N=: 500
模最大的特征值为:   5.73789246
对应的特征向量为:
0.85792207     0.99194698     0.96535881     1.00000000
迭代次数为 k=: 22
>>
```

8.2　反幂法

8.2.1　知识要点

反幂法是通过对可逆矩阵 $\boldsymbol{A}$ 的逆矩阵 $\boldsymbol{A}^{-1}$ 施行乘幂法求出矩阵 $\boldsymbol{A}^{-1}$ 模最大的

特征值和对应的特征向量，从而获得 $\boldsymbol{A}$ 模最小的特征值和对应的特征向量的数值方法.

设矩阵 $\boldsymbol{A}\in\mathbf{R}^{n\times n}$ 为可逆矩阵， $\boldsymbol{A}$ 的 n 个特征值 $\lambda_1,\lambda_2,\cdots,\lambda_n$ 满足条件

$$|\lambda_1|\geqslant|\lambda_2|\geqslant|\lambda_3|\geqslant\cdots>|\lambda_n|>0 \tag{8.9}$$

对应的 n 个线性无关的特征向量为 $\boldsymbol{x}_1,\boldsymbol{x}_2,\cdots,\boldsymbol{x}_n$，则由 $\boldsymbol{A}\boldsymbol{x}_i=\lambda_i\boldsymbol{x}_i$ 可得

$$\boldsymbol{A}^{-1}\boldsymbol{x}_i=\lambda^{-1}\boldsymbol{x}_i,\quad i=1,2,\cdots,n$$

由此可知， λ_n^{-1} 是 $\boldsymbol{A}^{-1}$ 的模最大的特征值，其对应的特征向量仍然为 $\boldsymbol{x}_n$.

为求出 λ_n^{-1}，对 $\boldsymbol{A}^{-1}$ 运用乘幂法：

$$\boldsymbol{u}_k=\boldsymbol{A}^{-1}\boldsymbol{v}_{k-1},\quad k=1,2,\cdots \tag{8.10}$$

为避免求 $\boldsymbol{A}^{-1}$，将（8.10）式变形为

$$\boldsymbol{A}\boldsymbol{u}_k=\boldsymbol{v}_{k-1},\quad k=1,2,\cdots \tag{8.11}$$

于是得到反幂法的迭代公式

$$\begin{cases}\boldsymbol{A}\boldsymbol{u}_k=\boldsymbol{v}_{k-1}\\ \mu_k=\max(\boldsymbol{u}_k)\\ \boldsymbol{v}_k=\boldsymbol{u}_k/\mu_k\end{cases} \tag{8.12}$$

运用反幂法迭代公式（8.12）时，每一步迭代都要求解关于 $\boldsymbol{u}_k$ 的线性方程组（8.11），计算量很大. 考虑到迭代过程中虽然右端项 $\boldsymbol{v}_{k-1}$ 变化，但系数矩阵 $\boldsymbol{A}$ 不变，为减少计算量，迭代前可先对 $\boldsymbol{A}$ 作 LU 分解，然后求解与方程组（8.11）等价的如下线性方程组

$$\boldsymbol{L}\boldsymbol{y}_k=\boldsymbol{v}_{k-1},\quad \boldsymbol{U}\boldsymbol{u}_k=\boldsymbol{y}_k \tag{8.13}$$

根据乘幂法，由迭代公式（8.12）生成的实数序列 $\{\mu_k\}$ 和向量序列 $\{\boldsymbol{v}_k\}$ 满足

$$\lim_{k\to\infty}\mu_k^{-1}=\lambda_n,\quad \lim_{k\to\infty}\boldsymbol{v}_k=\frac{\boldsymbol{x}_n}{\max(\boldsymbol{x}_n)} \tag{8.14}$$

于是，当迭代次数 k 充分大时， μ_k^{-1} 是矩阵 $\boldsymbol{A}$ 模最小的特征值 λ_n 的近似值， $\boldsymbol{v}_k$ 为 λ_n 对应的模最小的特征向量 $\boldsymbol{x}_n$ 规范化后的近似值.

对于给定的计算精度要求 $\varepsilon>0$，终止迭代计算的条件为

$$\left|\mu_k^{-1}-\mu_{k-1}^{-1}\right|<\varepsilon \tag{8.15}$$

设 $\boldsymbol{A}\boldsymbol{x}_i=\lambda_i\boldsymbol{x}_i(i=1,2,\cdots,n)$，则对于给定的常数 $\eta\in\mathbf{R}$，有

$$(\boldsymbol{A}-\eta\boldsymbol{I}_n)\boldsymbol{x}_i=(\lambda_i-\eta)\boldsymbol{x}_i,\quad i=1,2,\cdots,n \tag{8.16}$$

上式表明，矩阵 $\boldsymbol{A}-\eta\boldsymbol{I}_n$ 的特征值 $(\lambda_i-\eta)$ 对应的特征向量就是特征值 λ_i 对应的特征向量 $\boldsymbol{x}_i$.

设 λ_j 是矩阵 $\boldsymbol{A}$ 最接近常数 η 的特征值，即

$$|\lambda_i-\eta|>|\lambda_j-\eta|>0,\quad i=1,2,\cdots,n,\ i\neq j \tag{8.17}$$

对矩阵 $\boldsymbol{A}-\eta\boldsymbol{I}_n$ 施行反幂法，则 $\boldsymbol{A}-\eta\boldsymbol{I}_n$ 模最小的特征值 ξ 满足

$$\lim_{k\to\infty}\mu_k^{-1}=\xi=\lambda_j-\eta$$

于是，矩阵 $\boldsymbol{A}$ 最接近常数 η 的特征值为

$$\lambda_j=\xi+\eta \tag{8.18}$$

特征值 λ_j 对应的特征向量为 $\boldsymbol{x}_j$.

8.2.2　算法描述

对于给定的可逆矩阵 $\boldsymbol{A}$，用反幂法求出可逆矩阵 $\boldsymbol{A}$ 最接近常数 η 的特征值和对应的特征向量的算法如下：

算法 8-2：求可逆矩阵 $\boldsymbol{A}$ 最接近常数 η 的特征值和对应的特征向量的反幂法

1）输入矩阵 $\boldsymbol{A}$，初值向量 $\boldsymbol{v}_0$，最大迭代次数 N，常数 η，计算精度要求 ε.

2）求出矩阵 $\boldsymbol{A}$ 的阶数 n，求出新矩阵 $\boldsymbol{B}=\boldsymbol{A}-\eta\boldsymbol{I}_n$.

3）取迭代次数初值 $k=0$，取模最小的特征值 ξ 的初值 $\mu_0=0$.

4）对矩阵 $\boldsymbol{B}$ 作 LU 分解，$\boldsymbol{B}=\boldsymbol{LU}$.

5）$k=k+1$，解线性方程组 $\boldsymbol{L}\boldsymbol{y}_k=\boldsymbol{v}_{k-1}$ 以及 $\boldsymbol{U}\boldsymbol{u}_k=\boldsymbol{y}_k$，求出向量 $\boldsymbol{u}_k$.

6）求出 $\mu_k=\max(\boldsymbol{u}_k)$ 以及 $\boldsymbol{v}_k=\boldsymbol{u}_k/\mu_k$.

7）如果 $|\mu_k^{-1}-\mu_{k-1}^{-1}|<\varepsilon$，输出最接近常数 η 的特征值和对应的特征向量，转步骤 9)；否则，转步骤 8）.

8）如果 $k<N$，转步骤 5)；否则，输出出错信息，转步骤 9）.

9）结束.

8.2.3　编程实现举例

例 8-2　用反幂法求矩阵 $\boldsymbol{A}$：

（1）最接近常数 3 的特征值及其对应的特征向量；

（2）模最小（最接近 0）的特征值及其对应的特征向量.

$$\boldsymbol{A}=\begin{pmatrix}1&2&1&2\\2&2&-1&1\\1&-1&1&1\\2&1&1&1\end{pmatrix}$$

要求精确到小数点后 8 位.

解　Matlab 程序如下：

```
% ********************************************************************
% 用反幂法求矩阵最接近常数 eta 的特征值和对应的特征向量程序 InvpowerM.m
% ====================================================================
A=[1,2,1,2; 2,2,-1,1;1,-1,1,1; 2,1,1,1];
N=input('请输入最大迭代次数 N=: ');
eta=input('请输入常数 eta 的值 eta=: ');
epsilon=1.0e-8;                    % 指定计算精度要求
mu0=1/epsilon;                     % 向量 v 绝对值最大的特征值的初值
n=length(A);                       % 求出方阵 A 的阶数
v=ones(n,1);                       % 设定特征向量的初值
A=A-eta*eye(n);                    % 依据矩阵 A 求得一个新矩阵
format long
for k=1:n                          % 作 Crout 分解
    for i=k:n                      % 计算下三角矩阵 L
        s=0;
        for j=1:k-1
            s=s+A(i,j)*A(j,k);
        end
        A(i,k) = A(i,k) -s;
    end
        if abs(A(k,k)) < eps
           disp('矩阵 A 不可逆，不能施行反幂法');
        return;
    end
    for j=k+1:n                    % 计算单位上三角矩阵 U
        s=0;
        for i=1:k-1
            s=s+A(k,i)*A(i,j);
        end
            A(k,j) =( A(k,j) - s)/A(k,k);
    end
end                                % 将求得的 L 与 U 存放在 A 中
A;
for k=1:N
    for i=1:n                      % 解线性方程组 AU=V
        for j=1:i-1                % 首先求解 Ly=V
            v(i)=v(i)-A(i,j)*v(j);
        end
        v(i)=v(i)/A(i,i);
    end
```

```
    for i=n:-1:1                    % 然后求解 Uu=y
        for j=n:-1:i+1
            v(i)=v(i)-A(i,j)*v(j);
        end
    end
    mu=abs(v(1)); mi=1;             % 求 mu=max(u)及其序号 mi
    for i=2:n
        if(abs(v(i))>mu)
            mu=abs(v(i)); mi=i;
        end
    end
    mu=v(mi);                       % 1/mu 为绝对值最小的特征值
    v=v/mu;                         % v 为绝对值最小的特征值对应的特征向量
    if abs(1/mu-1/mu0) < epsilon
        fprintf('最接近常数 %12.8f 的特征值为: %12.8f',eta,eta+1/mu);
        fprintf('\n 对应的特征向量为: ');
        for i=1:n
            fprintf('%12.8f',v(i));
        end
        fprintf('\n 迭代次数为 k=: %2d\n',k);
        return
    else
        mu0=mu;
    end
end
fprintf('\n 迭代次数已经达到最大迭代次数%2d，但仍未达到精度要求\n',N)
```

```
>>InvpowerM↙
请输入最大迭代次数 N=: 200
请输入常数 eta 的值 eta=: 3
最接近常数  3.00000000 的特征值为:   2.34968353
对应的特征向量为:  0.16299246  -0.78834848  1.00000000  0.39834260
迭代次数为 k=: 21
>> InvpowerM↙
请输入最大迭代次数 N=: 200
请输入常数 eta 的值 eta=: 0
接近常数   0.00000000 的特征值为:  -0.66760628
对应的特征向量为:  -0.27754208  -0.42464698  -0.68787513  1.00000000
迭代次数为 k=: 23
>>
```

8.3　Jacobi 方法

8.3.1　知识要点

设 $\boldsymbol{A}$ 为实对称矩阵，根据线性代数理论，一定存在正交矩阵 $\boldsymbol{P}$ 和对角矩阵 $\boldsymbol{D}$，使得 $\boldsymbol{P}^{-1}\boldsymbol{A}\boldsymbol{P}=\boldsymbol{P}^{\mathrm{T}}\boldsymbol{A}\boldsymbol{P}=\boldsymbol{D}$，且 $\boldsymbol{D}$ 的对角线元素 $\lambda_1,\lambda_2,\cdots,\lambda_n$ 是 $\boldsymbol{A}$ 的特征值，$\boldsymbol{P}$ 的第 i 列就是特征值 λ_i 对应的特征向量. Jacobi 方法就是通过对实对称矩阵 $\boldsymbol{A}$ 施行一系列的正交相似变换，将 $\boldsymbol{A}$ 的非对角线元素全部化为零，从而求出实对称矩阵 $\boldsymbol{A}$ 的全部特征值和对应的特征向量的方法.

设 $1\leqslant i<j\leqslant n$，将单位矩阵 $\boldsymbol{I}_n$ 中位于 (i,i)，(j,j)，(i,j) 和 (j,i) 四个位置处的元素分别替换为 $p_{ii}=\cos\varphi$，$p_{jj}=\cos\varphi$，$p_{ij}=\sin\varphi$ 和 $p_{ji}=-\sin\varphi$，得到的如下 n 阶实矩阵

$$\boldsymbol{P}(i,j,\varphi)=\begin{pmatrix}1&&&&&&&&&&\\&\ddots&&&&&&&&&\\&&1&&&&&&&&\\&&&\cos\varphi&&&&\sin\varphi&&&\\&&&&1&&&&&&\\&&&&&\ddots&&&&&\\&&&&&&1&&&&\\&&&-\sin\varphi&&&&\cos\varphi&&&\\&&&&&&&&1&&\\&&&&&&&&&\ddots&\\&&&&&&&&&&1\end{pmatrix}_{n\times n}\begin{matrix}\\\\\\第i行\\\\\\\\第j行\\\\\\\\\end{matrix}$$

第i列　　　第j列

矩阵 $\boldsymbol{P}(i,j,\varphi)$ 称为 Givens 变换矩阵或平面旋转矩阵，φ称为旋转角. 容易验证，矩阵 $\boldsymbol{P}(i,j,\varphi)$ 为正交矩阵，即 $\boldsymbol{P}^{\mathrm{T}}\boldsymbol{P}=\boldsymbol{I}_n$.

设 $\boldsymbol{x},\boldsymbol{y}\in\mathbf{R}^n$ 为两个列向量，作 Givens 变换 $\boldsymbol{y}=\boldsymbol{P}(i,j,\varphi)\boldsymbol{x}$，则直接计算可得

$$\begin{cases}y_i=x_i\cos\varphi+x_j\sin\varphi\\y_j=-x_i\sin\varphi+x_j\cos\varphi\\y_k=x_k\quad(k\neq i,j)\end{cases}\tag{8.19}$$

设 $\boldsymbol{x}\in\mathbf{R}^n$ 的第 j 个分量 $x_j\neq 0,\ 1\leqslant i<j\leqslant n$，取

$$\cos\varphi=\frac{x_i}{\sqrt{x_i^2+x_j^2}},\quad \sin\varphi=\frac{x_j}{\sqrt{x_i^2+x_j^2}}$$

则 $\boldsymbol{y}=\boldsymbol{P}(i,j,\varphi)\boldsymbol{x}$ 的分量为

$$\begin{cases} y_i=\sqrt{x_i^2+x_j^2} \\ y_j=0 \\ y_k=x_k \quad (k\neq i,j) \end{cases} \tag{8.20}$$

式（8.19）与式（8.20）表明：①Givens 变换 $\boldsymbol{P}(i,j,\varphi)\boldsymbol{x}$ 仅改变列向量 x 第 i 个及第 j 个分量的值，其余元素保持原值不变；②选择合适的旋转角 φ，可使 Givens 变换 $\boldsymbol{P}(i,j,\varphi)\boldsymbol{x}$ 将列向量 $\boldsymbol{x}$ 的第 j 个分量化为零，第 i 和第 j 两个元素以外的元素保持原值不变.

设 $\boldsymbol{A}$ 为 n 阶实对称矩阵，$\boldsymbol{P}_k=\boldsymbol{P}(i_k,j_k,\varphi_k)$ 为 Givens 变换矩阵，作正交相似变换

$$\begin{cases} \boldsymbol{A}_0=\boldsymbol{A} \\ \boldsymbol{A}_{k+1}=\boldsymbol{P}_k^{\mathrm{T}}\boldsymbol{A}_k\boldsymbol{P}_k \end{cases} \quad (k=0,1,2,\cdots) \tag{8.21}$$

则变换后的矩阵 $\boldsymbol{A}_{k+1}$ 仍为实对称矩阵. 为将 $\boldsymbol{A}$ 的某些非对角线元素化为零，需要正确选取 i_k, j_k 和 φ_k 的值. 记 $\boldsymbol{P}_k=\boldsymbol{P}(i,j,\varphi)$，直接计算可得 $\boldsymbol{A}_{k+1}$ 的各元素如下

$$\begin{cases} a_{ii}^{(k+1)}=a_{ii}^{(k)}\cos^2\varphi+a_{jj}^{(k)}\sin^2\varphi+2a_{ij}^{(k)}\sin\varphi\cos\varphi \\ a_{jj}^{(k+1)}=a_{ii}^{(k)}\sin^2\varphi+a_{jj}^{(k)}\cos^2\varphi-2a_{ij}^{(k)}\sin\varphi\cos\varphi \\ a_{ij}^{(k+1)}=a_{ji}^{(k+1)}=a_{ij}^{(k)}\left(\cos^2\varphi-\sin^2\varphi\right)-\left(a_{ii}^{(k)}-a_{jj}^{(k)}\right)\sin\varphi\cos\varphi \\ a_{il}^{(k+1)}=a_{li}^{(k+1)}=a_{il}^{(k)}\cos\varphi+a_{jl}^{(k)}\sin\varphi,\quad l=1,2,\cdots,n,\quad l\neq i,j \\ a_{jl}^{(k+1)}=a_{lj}^{(k+1)}=-a_{il}^{(k)}\sin\varphi+a_{jl}^{(k)}\cos\varphi,\quad l=1,2,\cdots,n,\quad l\neq i,j \\ a_{kl}^{(k+1)}=a_{lk}^{(k+1)}=a_{kl}^{(k)},\quad k,l=1,2,\cdots,n,\quad k\neq i,j;\quad l\neq i,j \end{cases} \tag{8.22}$$

上式表明，经过正交相似变换（8.21）后，实对称矩阵 $\boldsymbol{A}_k(k=0,1,2,\cdots)$ 第 i 行、第 j 行、第 i 列以及第 j 列的元素发生了变化，其余元素保持原值不变.

为将对称矩阵 $\boldsymbol{A}$ 逐步对角化，在施行由 $\boldsymbol{A}_k$ 到 $\boldsymbol{A}_{k+1}$ 的正交相似变换时，应先选出 $\boldsymbol{A}_k$ 的非对角线元素中绝对值最大的一对的位置(i,j)，然后通过正交相似变换将其约化为零. 由式(8.22)第三式可知，若 $a_{ij}^{(k)}\neq 0$，为使非对角元素 $a_{ij}^{(k+1)}=a_{ji}^{(k+1)}=0$，可选择旋转角 φ满足条件

$$\frac{\cos^2\varphi-\sin^2\varphi}{\sin\varphi\cos\varphi}=\frac{a_{ii}^{(k)}-a_{jj}^{(k)}}{a_{ij}^{(k)}},\quad -\frac{\pi}{4}\leqslant\varphi\leqslant\frac{\pi}{4} \tag{8.23}$$

为避免求 φ，避免使用三角函数，令

$$t=\tan\varphi,\quad d=\frac{a_{ii}^{(k)}-a_{jj}^{(k)}}{2a_{ij}^{(k)}}$$

由此得

$$t^2+2dt-1=0$$

取绝对值较小的根为 t，于是有

$$t=\begin{cases}-d+\sqrt{1+d^2}, & d>0\\ 1, & d=0\\ -d-\sqrt{1+d^2}, & d<0\end{cases}$$

记

$$c=\cos\varphi=\frac{1}{\sqrt{1+t^2}},\quad s=\sin\varphi=\frac{t}{\sqrt{1+t^2}}$$

则可消去式（8.22）中所有的三角函数，并将非对角元素 $a_{ij}^{(k+1)}$ 及 $a_{ji}^{(k+1)}$ 化为零：

$$\begin{cases}a_{ii}^{(k+1)}=a_{ii}^{(k)}c^2+a_{jj}^{(k)}s^2+2a_{ij}^{(k)}cs\\ a_{jj}^{(k+1)}=a_{ii}^{(k)}s^2+a_{jj}^{(k)}c^2-2a_{ij}^{(k)}cs\\ a_{ij}^{(k+1)}=a_{ji}^{(k+1)}=0\\ a_{il}^{(k+1)}=a_{li}^{(k+1)}=a_{il}^{(k)}c+a_{jl}^{(k)}s,\quad l=1,2,\cdots,n,\quad l\neq i,j\\ a_{jl}^{(k+1)}=a_{lj}^{(k+1)}=-a_{il}^{(k)}s+a_{jl}^{(k)}c,\quad l=1,2,\cdots,n,\quad l\neq i,j\\ a_{kl}^{(k+1)}=a_{lk}^{(k+1)}=a_{kl}^{(k)},\quad k,l=1,2,\cdots,n,\quad k\neq i,j;\quad l\neq i,j\end{cases}\tag{8.24}$$

每次正交相似变换（8.21）在将 n 阶对称矩阵 $\boldsymbol{A}$ 的绝对值最大的一对非对角元素 $a_{ij}^{(k+1)}$ 及 $a_{ji}^{(k+1)}$ 化为零的同时，也可能会将本已化为零的一对非对角元素又化为非零. 但可以证明，若每次从 $\boldsymbol{A}_k$ 中找出绝对值最大的非对角线元素的位置(i, j)，按照式（8.23）求出旋转角 φ，然后构造 Givens 变换矩阵 $\boldsymbol{P}_k=\boldsymbol{P}(i,j,\varphi)$，则按照正交相似变换（8.21）计算得到的矩阵序列 $\{\boldsymbol{A}_{k+1}\}$ 收敛于一个对角矩阵.

设 $a_{i_m j_m}^{(m)}$ 为对称矩阵 $\boldsymbol{A}_m$ 的绝对值最大的非对角元素，即 $\left|a_{i_m j_m}^{(m)}\right|=\max\limits_{1\leqslant i<j\leqslant n}\left|a_{ij}^{(m)}\right|$，对于给定的计算精度要求 $\varepsilon>0$，对称矩阵 $\boldsymbol{A}_m$ 为对角矩阵的条件是 $a_{i_m j_m}^{(m)}$ 满足如下条件

$$\left|a_{i_m j_m}^{(m)}\right|<\varepsilon,\quad i,j=1,2,\cdots,n,\quad i\neq j\tag{8.25}$$

将矩阵 $\boldsymbol{A}_m$ 化为对角矩阵后，其对角线上的元素 $\lambda_i\ (i=1,2,\cdots,n)$ 就是 $\boldsymbol{A}$ 的特征值，由逐次的 Givens 变换矩阵的乘积求得的正交矩阵 $\boldsymbol{R}_m=\boldsymbol{P}_1\boldsymbol{P}_2\cdots\boldsymbol{P}_m$ 的第 i 列就是特征值 λ_i 对应的特征向量. 因而，正交矩阵 $\boldsymbol{R}_m$ 可用如下公式计算

$$\begin{cases} \boldsymbol{R}_0 = \boldsymbol{I}_n \\ \boldsymbol{R}_h = \boldsymbol{R}_{h-1}\boldsymbol{P}_h, \quad h = 1, 2, \cdots, m \end{cases} \tag{8.26}$$

$\boldsymbol{R}_m$ 的计算可与对 $\boldsymbol{A}$ 施行正交相似变换同步进行，其公式为

$$\begin{cases} r_{ki}^{(h)} = r_{ki}^{(h-1)}c + r_{kj}^{(h-1)}s, & k = 1, 2, \cdots, n \\ r_{kj}^{(h)} = -r_{ki}^{(q-1)}s + r_{kj}^{(h-1)}c, & k = 1, 2, \cdots, n \\ r_{kl}^{(h)} = r_{lk}^{(h-1)}, & k \neq i, j; \quad l \neq i, j \end{cases} \tag{8.27}$$

8.3.2　算法描述

用 Jacobi 方法求实对称矩阵 $\boldsymbol{A}$ 全部特征值和对应的特征向量的算法如下：

算法 8-3：求实对称矩阵 $\boldsymbol{A}$ 全部特征值和特征向量的 Jacobi 方法

1）输入实对称矩阵 $\boldsymbol{A}$，精度要求 ε，最大迭代次数 N，求出矩阵 $\boldsymbol{A}$ 的阶数 n.

2）取正交相似变换次数初始值为 1：$m = 1$，取正交矩阵的初始值为单位矩阵：$\boldsymbol{R} = \boldsymbol{I}_n$.

3）选出 $\boldsymbol{A}$ 绝对值最大的非对角元 $\left|a_{k_m l_m}^{(m)}\right| = \max\limits_{1 \leqslant k < l \leqslant n} \left|a_{kl}^{(m)}\right|$，记录其位置 $(i = k_m, j = l_m)$.

4）如果 $\left|a_{ij}\right| < \varepsilon$，输出 $\boldsymbol{A}$ 的各对角元和 $\boldsymbol{R}$ 的各列向量，转步骤 10)；否则，转步骤 5）.

5）计算 $d = \dfrac{a_{ii} - a_{jj}}{2a_{ij}}$，$t = \begin{cases} -d + \sqrt{1+d^2}, & d > 0, \\ 1, & d = 0, \\ -d - \sqrt{1+d^2}, & d < 0, \end{cases}$ $c = \dfrac{1}{\sqrt{1+t^2}}$，$s = \dfrac{t}{\sqrt{1+t^2}}$.

6）计算 $\begin{cases} a_{ii}^{(1)} = a_{ii}c^2 + a_{jj}s^2 + 2a_{ij}cs, \\ a_{jj}^{(1)} = a_{ii}s^2 + a_{jj}c^2 - 2a_{ij}cs, \\ a_{ij}^{(1)} = a_{ji}^{(1)} = 0, \end{cases}$ 以及 $\begin{cases} a_{ik}^{(1)} = a_{ki}^{(1)} = a_{ik}c + a_{jk}s, \\ a_{jk}^{(1)} = a_{kj}^{(1)} = -a_{ik}s + a_{jk}c, \end{cases}$ $k \neq i, j$.

7）更新 $\begin{cases} a_{ik} = a_{ki} = a_{ik}^{(1)}, \\ a_{jk} = a_{kj} = a_{jk}^{(1)}, \end{cases}$ $k = 1, 2, \cdots, n$.

8）计算 $\begin{cases} r_{ki}^{(1)} = r_{ki}c + r_{kj}s, \\ r_{kj}^{(1)} = -r_{ki}s + r_{kj}c, \end{cases}$ $k = 1, 2, \cdots, n$，更新 $\begin{cases} r_{ki} = r_{ki}^{(1)}, \\ r_{kj} = r_{kj}^{(1)}, \end{cases}$ $k = 1, 2, \cdots, n$.

9）正交相似变换次数 $m = m + 1$，如果 $m < N$，转步骤 3)；否则，输出出错信息，转步骤 10）.

10）结束.

8.3.3　编程实现举例

例 8-3　用 Jacobi 方法求实对称矩阵 $\boldsymbol{A}$ 的全部特征值及其对应的特征向量

$$\boldsymbol{A}=\begin{pmatrix} 12 & 5 & 8 & 7 & 6 \\ 5 & 10 & 7 & 8 & 7 \\ 8 & 7 & 15 & 6 & 5 \\ 7 & 8 & 6 & 11 & 9 \\ 6 & 7 & 5 & 9 & 10 \end{pmatrix}$$

要求精确到小数点后 8 位，并统计施行正交相似变换的次数.

解　Matlab 程序如下：

```
% *****************************************************************
% 用 Jacobi 方法求实对称矩阵 A 的全部特征值和对应的特征向量程序 EigjacobiM.m
% =================================================================
clear all; clc;
A=[12,5,8,7,6; 5,10,7,8,7; 8,7,15,6,5; 7,8,6,11,9; 6,7,5,9,10];
N=input('请输入施行正交相似变换需要的最多次数 N=: ');
epsilon=1.0e-8;                         % 指定计算精度要求
n=length(A);
R=eye(n);                               % 取正交矩阵初值为单位矩阵
format long
for m=1:N                               % 最多施行 N 次正交相似变换
    Max=0;                              % A 的非对角元素中绝对值最大者初值为 0
    for k=1:n-1
        for l=k+1:n
            if abs(A(k,l))> Max
                Max = abs(A(k,l)); % 选出 A 非对角元素中绝对值最大者
                i=k;j=l;            % 记录绝对值最大非对角元的位置(i,j)
            end
        end
    end
    if Max < epsilon                    % 表明 A 已经是对角矩阵
        fprintf('实对称矩阵 A 的全部特征值为: \n');
        for i=1:n
            fprintf('%16.8f',A(i,i));
        end
        fprintf('\n 对应的特征向量为如下矩阵的各列: \n');
        for i=1:n
             for j=1:n
                 fprintf('%16.8f',R(i,j));
             end
```

```
                fprintf('\n');
            end
            fprintf('求解过程中共施行了 m=:%d 次正交相似变换.\n',m);
            return
        end
        d=(A(i,i)-A(j,j))/(2*A(i,j));          % 确定 d 的值
        if d > 0
            t=-d+sqrt(d*d+1);
        elseif abs(d) < epsilon                 % d==0
            t=1;
        else
            t=-d-sqrt(d*d+1);
        end
        c=1/sqrt(t*t+1); s=t/sqrt(t*t+1);      % 计算 c 与 s 的值
        for k=1:n                               % 作正交相似变换
            if k==i
                Aii=A(i,i)*c*c+A(j,j)*s*s+2*A(i,j)*s*c;
                Ajj=A(i,i)*s*s+A(j,j)*c*c-2*A(i,j)*s*c;
                A(i,i)=Aii; A(j,j)=Ajj;
                A(i,j)=0;
                A(j,i)=A(i,j);
            elseif k~=j
                Aik=A(i,k)*c+A(j,k)*s;
                Ajk=-A(i,k)*s+A(j,k)*c;
                A(i,k)=Aik; A(k,i)=Aik;
                A(j,k)=Ajk; A(k,j)=Ajk;
            end
            Rki=R(k,i)*c+R(k,j)*s;              % 计算正交矩阵 R
            Rkj=-R(k,i)*s+R(k,j)*c;
            R(k,i)=Rki; R(k,j)=Rkj;
        end
    end
    fprintf('已经施行了 %2d 次正交相似变换,仍未求出满足精度要求的特征值.\n',N)
```

```
>>EigjacobiM↙
请输入施行正交相似变换需要的最多次数 N=: 25
已经施行了 25 次正交相似变换, 仍未求出满足精度要求的特征值.
>>EigjacobiM↙
请输入施行正交相似变换需要的最多次数 N=: 200
实对称矩阵 A 的全部特征值为:
  5.87918956    2.31123899    9.56496476   38.89449781    1.35010888
对应的特征向量为如下矩阵的各列:
  0.78773927    0.32348265    0.25734502    0.43776175    0.13024597
```

```
   -0.49386724    0.69007720   -0.20084768    0.42420613    0.24412696
   -0.36315943   -0.31788162    0.73138566    0.47752137   -0.06414721
    0.03974459   -0.10187079   -0.40014375    0.47067631   -0.77871144
    0.04579945   -0.55473061   -0.44541413    0.42290775    0.55940294
求解过程中共施行了 m=:31 次正交相似变换.
>>
```

8.4　QR 方法

8.4.1　知识要点

QR 方法是利用正交相似变换将一个 n 阶实方阵逐步约化为一个上三角矩阵或只含有 1 阶和 2 阶对角块的分块上三角矩阵，进而求出矩阵全部特征值的数值方法.

根据线性代数理论，任意 n 阶实方阵 $\boldsymbol{A}$ 都可分解为一个正交矩阵 $\boldsymbol{Q}$ 和一个上三角矩阵 $\boldsymbol{R}$ 的乘积，即

$$\boldsymbol{A}=\boldsymbol{Q}\boldsymbol{R} \tag{8.28}$$

若 $\boldsymbol{A}$ 是可逆（非奇异）矩阵，且限定 $\boldsymbol{R}$ 的对角线元素全为正，则这种分解是唯一的. 分解式（8.28）称为 n 阶非奇异实矩阵 $\boldsymbol{A}$ 的 QR 分解.

设 $\boldsymbol{A}$ 为一般的 n 阶非奇异实矩阵，记 $\boldsymbol{A}_1=\boldsymbol{A}$，构造如下迭代公式

$$\begin{cases}\boldsymbol{A}_k=\boldsymbol{Q}_k\boldsymbol{R}_k\\ \boldsymbol{A}_{k+1}=\boldsymbol{R}_k\boldsymbol{Q}_k\end{cases}\quad(k=1,2,\cdots) \tag{8.29}$$

其中 $\boldsymbol{Q}_k\ (k=1,2,\cdots)$ 为正交矩阵，$\boldsymbol{R}_k$ 为上三角矩阵.

记 $\boldsymbol{Q}=\boldsymbol{Q}_1\boldsymbol{Q}_2\cdots\boldsymbol{Q}_k$，则由迭代公式（8.29）得

$$\boldsymbol{A}_{k+1}=\boldsymbol{R}_k\boldsymbol{Q}_k=\boldsymbol{Q}_k^{-1}\boldsymbol{A}_k\boldsymbol{Q}_k=\cdots=\boldsymbol{Q}_k^{-1}\boldsymbol{Q}_{k-1}^{-1}\cdots\boldsymbol{Q}_1^{-1}\boldsymbol{A}_1\boldsymbol{Q}_1\boldsymbol{Q}_2\cdots\boldsymbol{Q}_k=\boldsymbol{Q}^{-1}\boldsymbol{A}_1\boldsymbol{Q}$$

因此，矩阵序列 $\{\boldsymbol{A}_k\}$ 中的每个矩阵都与 $\boldsymbol{A}$ 相似，因而都与 $\boldsymbol{A}$ 有相同的特征值.

研究表明，如果一个实方阵 $\boldsymbol{A}\in\mathbf{R}^{n\times n}$ 的等模特征值中只有实重特征值或复共轭特征值，则由迭代公式（8.29）生成的矩阵序列 $\{\boldsymbol{A}_k\}$ 本质收敛于一个上三角矩阵或只含有 1 阶和 2 阶对角块的分块上三角矩阵 $\boldsymbol{B}$: $\{\boldsymbol{A}_k\}$ 的对角线元素 $a_{ii}^{(k)}\ (i=1,2,\cdots,n)$ 收敛于上三角矩阵 $\boldsymbol{B}$ 的对应元素 b_{ii}，主对角线以下的元素都收敛于 0，而主对角线以上的元素不一定收敛于矩阵 $\boldsymbol{B}$ 的对应元素，即

$$\boldsymbol{A}_k=\begin{pmatrix}a_{11}^{(k)}&a_{12}^{(k)}&\cdots&a_{1n}^{(k)}\\a_{21}^{(k)}&a_{22}^{(k)}&\cdots&a_{2n}^{(k)}\\\vdots&\vdots&&\vdots\\a_{n1}^{(k)}&a_{n2}^{(k)}&\cdots&a_{nn}^{(k)}\end{pmatrix}\xrightarrow[k\to\infty]{\text{本质收敛于}}\begin{pmatrix}\lambda_1&*&\cdots&*\\0&\lambda_2&\cdots&*\\\vdots&\vdots&&\vdots\\0&0&\cdots&\lambda_n\end{pmatrix}=\boldsymbol{B} \tag{8.30}$$

或者

$$A_k=\begin{pmatrix} A_{11}^{(k)} & A_{12}^{(k)} & \cdots & A_{1t}^{(k)} \\ A_{21}^{(k)} & A_{22}^{(k)} & \cdots & A_{2t}^{(k)} \\ \vdots & \vdots & & \vdots \\ A_{t1}^{(k)} & A_{t2}^{(k)} & \cdots & A_{tt}^{(k)} \end{pmatrix} \xrightarrow[k\to\infty]{\text{本质收敛于}} \begin{pmatrix} B_{11} & B_{12} & \cdots & B_{1t} \\ 0 & B_{22} & \cdots & B_{2t} \\ \vdots & \vdots & & \vdots \\ 0 & 0 & \cdots & B_{tt} \end{pmatrix}=B \quad (8.31)$$

其中式（8.30）中的 $\lambda_i(i=1,2,\cdots,n)$ 就是 A 的特征值；式（8.31）中每个主对角线子块 $A_{ii}^{(k)}$ 与对应的子块 $B_{ii}(i=1,2,\cdots,t)$ 同为 1×1 或 2×2 子块，每个 1 阶子块的值就是 A 的一个实特征值，每个 2 阶子块的两个特征值是 A 的两个实特征值或一对共轭复特征值. 由迭代公式（8.29）求出 n 阶实方阵 A 全部特征值的方法称为 QR 方法.

用 QR 方法求出一个 n 阶实方阵 A 全部特征值的方法相对繁杂，计算量也很大. 为降低难度，循序渐进，也为了减少计算量，通常按照以下四个步骤逐步实施.

步骤 1　运用 Householder 变换矩阵将一般的 n 阶方阵 A 变换为一个上 Hessenberg 矩阵 B.

设实向量 $u=(u_1,u_2,\cdots,u_n)^{\mathrm T}\in\mathbf R^n$ 满足 $\|u\|_2=\sqrt{u^{\mathrm T}u}=1$，构造矩阵

$$H(u)=I_n-2uu^{\mathrm T}=\begin{pmatrix} 1-2u_1^2 & -2u_1u_2 & \cdots & -2u_1u_n \\ -2u_2u_1 & 1-2u_2^2 & \cdots & -2u_2u_n \\ \vdots & \vdots & & \vdots \\ -2u_nu_1 & -2u_nu_2 & \cdots & 1-2u_n^2 \end{pmatrix}$$

$H(u)$ 称为 Householder 变换矩阵或初等镜面反射矩阵. 容易证明，$H(u)$ 为对称正交矩阵，即 $H(u)$ 满足 $H(u)=H^{\mathrm T}(u)=H^{-1}(u)$. 设 $x,y\in\mathbf R^n$ 为两个列向量，正交变换 $y=H(u)x$ 称为 Householder 变换或镜面反射变换.

若 $x=(x_1,x_2,\cdots,x_n)^{\mathrm T}\in\mathbf R^n$ 的分量 $x_2,x_3,\cdots,x_n$ 不全为零，构造矩阵 $H(u)$

$$\begin{cases} \sigma=-\mathrm{sign}(x_1)\|x\|_2 \\ u=x-\sigma e_1=(x_1-\sigma,x_2,x_3,\cdots,x_n) \\ H=I-2uu^{\mathrm T}/\|u\|_2^2 \end{cases} \quad (8.32)$$

则可以证明，$H(u)$为 Householder 变换矩阵，且

$$H(u)x=\sigma e_1 \quad (8.33)$$

这里 $e_1=(1,0,\cdots,0)^{\mathrm T}\in\mathbf R^n$ 为单位坐标向量，$\mathrm{sign}(x)$ 为符号函数

$$\mathrm{sign}(x)=\begin{cases} 1, & x\geqslant 0 \\ -1, & x<0 \end{cases} \quad (8.34)$$

式（8.33）表明，由式（8.32）构造的 Householder 变换矩阵 $H(u)$ 可将任意 n 阶非零向量 x 的后 $n-1$ 个分量全部化为零.

若矩阵 $\boldsymbol{B}=\left(b_{ij}\right)\in\mathbf{R}^{n\times n}$ 的 -1 号对角线以下的元素全部为零，即当 $i>j+1$ 时，$b_{ij}=0$，则称 $\boldsymbol{B}$ 为上 Hessenberg 矩阵或拟上三角矩阵，其一般形式如下

$$\boldsymbol{B}=\begin{pmatrix} b_{11} & b_{12} & b_{13} & \cdots & b_{1n} \\ b_{21} & b_{22} & b_{23} & \cdots & b_{2n} \\ 0 & b_{32} & b_{33} & \cdots & b_{3n} \\ \vdots & \ddots & \ddots & \ddots & \vdots \\ 0 & 0 & \cdots & b_{n\,n-1} & b_{nn} \end{pmatrix}$$

设上 Hessenberg 矩阵 $\boldsymbol{B}_k$ 的 QR 分解为 $\boldsymbol{B}_k=\boldsymbol{Q}_k\boldsymbol{R}_k\ (k=1,2,\cdots,)$，则利用线性代数理论可以证明，乘积 $\boldsymbol{B}_{k+1}=\boldsymbol{R}_k\boldsymbol{Q}_k$ 仍然是上 Hessenberg 矩阵，即迭代公式（8.29）生成的矩阵保持上 Hessenberg 矩阵结构不变.

采用 QR 方法迭代求实方阵 $\boldsymbol{A}$ 的特征值时，每次按公式（8.29）迭代不仅要作 QR 分解 $\boldsymbol{A}_k=\boldsymbol{Q}_k\boldsymbol{R}_k$，还要做矩阵乘法运算 $\boldsymbol{A}_{k+1}=\boldsymbol{R}_k\boldsymbol{Q}_k$，如果实方阵 $\boldsymbol{A}$ 的阶数 n 较大，计算量将很大. 鉴于上 Hessenberg 矩阵与只含有 1 阶和 2 阶子块的分块上三角矩阵形式相近，且按照公式（8.29）迭代时保持上 Hessenberg 矩阵结构不变，为求实方阵 $\boldsymbol{A}$ 的特征值，可先将 $\boldsymbol{A}$ 约化为形式相对简单的上 Hessenberg 矩阵 $\boldsymbol{B}$.

由线性代数理论可以证明，对于任意矩阵 $\boldsymbol{A}\in\mathbf{R}^{n\times n}$，存在正交矩阵 $\boldsymbol{P}$，使得矩阵

$$\boldsymbol{B}=\boldsymbol{P}^{\mathrm{T}}\boldsymbol{A}\boldsymbol{P} \tag{8.35}$$

为上 Hessenberg 矩阵. 运用由式（8.32）构造的 Householder 变换矩阵可将任意 n 阶非零向量 $\boldsymbol{x}$ 的后 $n-1$ 个分量全部化为零的性质，可以将任意方阵 $\boldsymbol{A}=\left(a_{ij}^{(1)}\right)\in\mathbf{R}^{n\times n}$ 约化为上 Hessenberg 矩阵，约化过程如下：

第 1 步：记 $\boldsymbol{A}_1=\boldsymbol{A}$，设 $a_{i1}^{(1)}\ (i=3,4,\cdots,n)$ 不全为零，令

$$\boldsymbol{x}_1=(0,a_{21}^{(1)},a_{31}^{(1)},\cdots,a_{n1}^{(1)})^{\mathrm{T}}$$

$$\sigma_1=\begin{cases}-\|\boldsymbol{x}_1\|_2, & a_{21}^{(1)}\geqslant 0\\ \|\boldsymbol{x}_1\|_2, & a_{21}^{(1)}<0\end{cases}$$

$$\boldsymbol{u}_1=\boldsymbol{x}_1-\sigma_1\boldsymbol{e}_2$$

构造 Householder 变换矩阵

$$\boldsymbol{H}_1=\boldsymbol{I}_n-2\boldsymbol{u}\boldsymbol{u}^{\mathrm{T}}/\left(\boldsymbol{u}^{\mathrm{T}}\boldsymbol{u}\right)=\begin{pmatrix}1 & \boldsymbol{0}\\ \boldsymbol{0} & \boldsymbol{W}_1\end{pmatrix}$$

其中 $\boldsymbol{e}_2=(0,1,0,\cdots,0)^{\mathrm{T}}$ 为 n 维单位坐标向量，$\boldsymbol{W}_1$ 是 $(n-1)\times(n-1)$ 矩阵. 则

$$\boldsymbol{H}_1\boldsymbol{x}_1=\sigma_1\boldsymbol{e}_2=(0,\sigma_1,0,\cdots,0)^{\mathrm{T}}$$

由于用 Householder 变换矩阵 $\boldsymbol{H}_1$ 右乘一个矩阵不改变该矩阵的第 1 列，于是有

$$\boldsymbol{A}_2=\boldsymbol{H}_1\boldsymbol{A}_1\boldsymbol{H}_1=\boldsymbol{H}_1^{\mathrm{T}}\boldsymbol{A}_1\boldsymbol{H}_1=\begin{pmatrix} a_{11}^{(1)} & a_{12}^{(2)} & a_{13}^{(2)} & \cdots & a_{1n}^{(2)} \\ \sigma_1 & a_{22}^{(2)} & a_{23}^{(2)} & \cdots & a_{2n}^{(2)} \\ 0 & a_{32}^{(2)} & a_{33}^{(2)} & \cdots & a_{3n}^{(2)} \\ \vdots & \vdots & \vdots & & \vdots \\ 0 & a_{n2}^{(2)} & a_{n3}^{(2)} & \cdots & a_{nn}^{(2)} \end{pmatrix}$$

若 $a_{i1}^{(1)}\ (i=3,4,\cdots,n)$ 全为零，则取 $\boldsymbol{H}_1=\boldsymbol{I}$，从而有

$$\boldsymbol{A}_2=\boldsymbol{H}_1\boldsymbol{A}_1\boldsymbol{H}_1=\boldsymbol{H}_1^{\mathrm{T}}\boldsymbol{A}_1\boldsymbol{H}_1=\boldsymbol{A}_1$$

第 2 步：设 $a_{i2}^{(2)}\ (i=4,5,\cdots,n)$ 不全为零，令

$$\boldsymbol{x}_2=(0,0,a_{32}^{(2)},a_{42}^{(2)},\cdots,a_{n2}^{(2)})^{\mathrm{T}}$$

$$\sigma_2=\begin{cases}-\|\boldsymbol{x}_2\|_2, & a_{32}^{(2)}\geqslant 0\\ \|\boldsymbol{x}_2\|_2, & a_{32}^{(2)}<0\end{cases}$$

$$\boldsymbol{u}_2=\boldsymbol{x}_2-\sigma_2\boldsymbol{e}_3$$

构造 Householder 变换矩阵

$$\boldsymbol{H}_2=\boldsymbol{I}_n-2\boldsymbol{u}_2\boldsymbol{u}_2^{\mathrm{T}}/\left(\boldsymbol{u}_2^{\mathrm{T}}\boldsymbol{u}_2\right)=\begin{pmatrix}\boldsymbol{I}_2 & \boldsymbol{0}\\ \boldsymbol{0} & \boldsymbol{W}_2\end{pmatrix}$$

其中 $\boldsymbol{e}_3=(0,0,1,0,\cdots,0)^{\mathrm{T}}$ 为 n 维单位坐标向量，$\boldsymbol{I}_2$ 是 2×2 单位矩阵，$\boldsymbol{W}_2$ 是 $(n-2)\times(n-2)$ 矩阵. 于是

$$\boldsymbol{H}_2\boldsymbol{x}_2=\sigma_2\boldsymbol{e}_3=(0,0,\sigma_2,0,\cdots,0)^{\mathrm{T}}$$

而用矩阵 $\boldsymbol{H}_2$ 右乘一个矩阵不改变该矩阵的第 1 列及第 2 列，于是得

$$\boldsymbol{A}_3=\boldsymbol{H}_2\boldsymbol{A}_2\boldsymbol{H}_2=\boldsymbol{H}_2^{\mathrm{T}}\boldsymbol{A}_2\boldsymbol{H}_2=\begin{pmatrix} a_{11}^{(1)} & a_{12}^{(2)} & a_{13}^{(3)} & \cdots & a_{1n}^{(3)} \\ \sigma_1 & a_{22}^{(2)} & a_{23}^{(3)} & \cdots & a_{2n}^{(3)} \\ 0 & \sigma_2 & a_{33}^{(3)} & \cdots & a_{3n}^{(3)} \\ 0 & 0 & a_{43}^{(3)} & \cdots & a_{4n}^{(3)} \\ \vdots & \vdots & \vdots & & \vdots \\ 0 & 0 & a_{n3}^{(3)} & \cdots & a_{nn}^{(3)} \end{pmatrix}$$

若 $a_{i2}^{(2)}\ (i=4,5,\cdots,n)$ 全为零，则取 $\boldsymbol{H}_2=\boldsymbol{I}$，从而有

$$\boldsymbol{A}_3=\boldsymbol{H}_2\boldsymbol{A}_2\boldsymbol{H}_2=\boldsymbol{H}_2^{\mathrm{T}}\boldsymbol{A}_2\boldsymbol{H}_2=\boldsymbol{A}_2$$

按照上面的方法继续下去，经过 $r-1$ 步可得到 $\boldsymbol{A}_2,\boldsymbol{A}_3,\cdots,\boldsymbol{A}_{r-1}\ (1\leqslant r\leqslant n-2)$.

第 r 步：设已求得 $\boldsymbol{A}_r\ (2\leqslant r\leqslant n-2)$，且 $a_{ir}^{(r)}\ (i=r+2,\cdots,n)$ 不全为零，令

$$\boldsymbol{x}_r=(0,\cdots,0,a_{r+1\,r}^{(r)},a_{r+2\,r}^{(r)},\cdots,a_{nr}^{(r)})^{\mathrm{T}}$$

$$\sigma_r = \begin{cases} -\|\boldsymbol{x}_r\|_2, & a_{r+1\,r}^{(r)} \geqslant 0 \\ \|\boldsymbol{x}_r\|_2, & a_{r+1\,r}^{(r)} < 0 \end{cases}$$

$$\boldsymbol{u}_r = \boldsymbol{x}_r - \sigma_r \boldsymbol{e}_{r+1}$$

构造 Householder 变换矩阵

$$\boldsymbol{H}_r = \boldsymbol{I}_n - 2\boldsymbol{u}_r\boldsymbol{u}_r^{\mathrm{T}} / \left(\boldsymbol{u}_r^{\mathrm{T}}\boldsymbol{u}_r\right) = \begin{pmatrix} \boldsymbol{I}_r & \boldsymbol{0} \\ \boldsymbol{0} & \boldsymbol{W}_r \end{pmatrix}$$

其中 $\boldsymbol{e}_{r+1}$ 为第 $r+1$ 个元素为 1 其余元素都为 0 的 n 维单位坐标向量，$\boldsymbol{I}_r$ 是 $r\times r$ 单位矩阵，$\boldsymbol{W}_r$ 是 $(n-r)\times(n-r)$ 矩阵. 于是可得

$$\boldsymbol{H}_r\boldsymbol{x}_r = \sigma_r\boldsymbol{e}_{r+1} = (0,\cdots,0,\sigma_r,0,\cdots,0)^{\mathrm{T}}$$

$$\boldsymbol{A}_{r+1} = \boldsymbol{H}_r\boldsymbol{A}_r\boldsymbol{H}_r = \boldsymbol{H}_r^{\mathrm{T}}\boldsymbol{A}_r\boldsymbol{H}_r = \begin{pmatrix} a_{11}^{(1)} & \cdots & a_{1r}^{(r)} & a_{1\,r+1}^{(r+1)} & \cdots & a_{1n}^{(r+1)} \\ \sigma_1 & \cdots & a_{2r}^{(r)} & a_{2\,r+1}^{(r+1)} & \cdots & a_{2n}^{(r+1)} \\ 0 & & \vdots & \vdots & & \vdots \\ 0 & \ddots & \sigma_r & a_{r+1\,r+1}^{(r+1)} & \cdots & a_{r+1\,n}^{(r+1)} \\ \vdots & \ddots & 0 & \vdots & & \vdots \\ 0 & \cdots & 0 & a_{n\,r+1}^{(r+1)} & \cdots & a_{nn}^{(r+1)} \end{pmatrix}$$

若 $a_{ir}^{(r)}$ $(i=r+2,r+3,\cdots,n)$ 全为零，则取 $\boldsymbol{H}_r = \boldsymbol{I}$，从而有

$$\boldsymbol{A}_{r+1} = \boldsymbol{H}_r\boldsymbol{A}_r\boldsymbol{H}_r = \boldsymbol{H}_r^{\mathrm{T}}\boldsymbol{A}_r\boldsymbol{H}_r = \boldsymbol{A}_r$$

当 $r=n-2$ 时，就可得到上 Hessenberg 矩阵 $\boldsymbol{A}_{n-1}$：

$$\boldsymbol{A}_{n-1} = \boldsymbol{H}_{n-2}^{\mathrm{T}}\boldsymbol{H}_{n-3}^{\mathrm{T}}\cdots\boldsymbol{H}_1^{\mathrm{T}}\boldsymbol{A}_1\boldsymbol{H}_1\boldsymbol{H}_2\cdots\boldsymbol{H}_{n-2} = \begin{pmatrix} * & * & * & * & \cdots & * & * \\ \sigma_1 & * & * & * & \cdots & * & * \\ & \sigma_2 & * & * & \cdots & * & * \\ & & \sigma_3 & * & \cdots & * & * \\ & & & \ddots & & \vdots & \vdots \\ & & & & \sigma_{n-2} & * & * \\ & & & & & * & * \end{pmatrix}$$

记 $\boldsymbol{B} = \boldsymbol{A}_{n-1}$，$\boldsymbol{P} = \boldsymbol{H}_1\boldsymbol{H}_2\cdots\boldsymbol{H}_{n-2}$，则 $\boldsymbol{P}$ 为正交矩阵（通常并不对称），$\boldsymbol{P}^{\mathrm{T}} = \boldsymbol{H}_{n-2}^{\mathrm{T}}\cdot\boldsymbol{H}_{n-3}^{\mathrm{T}}\cdots\boldsymbol{H}_1^{\mathrm{T}}$，通过一系列正交相似变换可将实方阵 $\boldsymbol{A}$ 约化为一个上 Hessenberg 矩阵 $\boldsymbol{B}$：

$$\boldsymbol{B} = \boldsymbol{P}^{\mathrm{T}}\boldsymbol{A}_1\boldsymbol{P} = \boldsymbol{P}^{\mathrm{T}}\boldsymbol{A}\boldsymbol{P}$$

步骤 2　运用 Givens 变换将得到的上 Hessenberg 矩阵 $\boldsymbol{B}$ 变换为一个正交矩阵 $\boldsymbol{Q}$ 和一个上三角矩阵的乘积，得到 $\boldsymbol{B} = \boldsymbol{Q}\boldsymbol{R}$.

式（8.20）表明，Givens 变换 $\boldsymbol{P}(i,j,\varphi)\boldsymbol{x}$ 能将一个 n 维向量 $\boldsymbol{x}$ 的第 j 个分量化

为零. 利用这一性质，通过最多 $n-1$ 次 Givens 变换，就能将得到的上 Hessenberg 矩阵 $\boldsymbol{B}$ 变换为一个正交矩阵 $\boldsymbol{Q}$ 和一个上三角矩阵的乘积，变换过程如下：

第 1 步：记 $\boldsymbol{B}_1=\boldsymbol{B}$，设 $b_{21}^{(1)}\neq 0$（否则进行下一步约化），取 n 阶 Givens 变换矩阵

$$\boldsymbol{P}(1,2,\varphi)=\begin{pmatrix} c_1 & s_1 & & & \\ -s_1 & c_1 & & & \\ & & 1 & & \\ & & & \ddots & \\ & & & & 1 \end{pmatrix}$$

其中 $z_1=\sqrt{\left(b_{11}^{(1)}\right)^2+\left(b_{21}^{(1)}\right)^2}$, $s_1=\dfrac{b_{21}^{(1)}}{z_1}$, $c_1=\dfrac{b_{11}^{(1)}}{z_1}$，则

$$\boldsymbol{P}(1,2,\varphi)\boldsymbol{B}_1=\begin{pmatrix} z_1 & b_{12}^{(2)} & b_{13}^{(2)} & \cdots & b_{1n}^{(2)} \\ 0 & b_{22}^{(2)} & b_{23}^{(2)} & \cdots & b_{2n}^{(2)} \\ 0 & b_{32}^{(2)} & b_{33}^{(2)} & \cdots & b_{3n}^{(2)} \\ & & \ddots & \ddots & \vdots \\ & & & b_{n\,n-1}^{(2)} & b_{nn}^{(2)} \end{pmatrix}=\boldsymbol{B}_2$$

第 2 步：设 $b_{32}^{(2)}\neq 0$（否则进行下一步约化），取 Givens 变换矩阵

$$\boldsymbol{P}(2,3,\varphi)=\begin{pmatrix} 1 & & & & & \\ & c_2 & s_2 & & & \\ & -s_2 & c_2 & & & \\ & & & 1 & & \\ & & & & \ddots & \\ & & & & & 1 \end{pmatrix}$$

其中 $z_2=\sqrt{\left(b_{22}^{(2)}\right)^2+\left(b_{32}^{(2)}\right)^2}$, $s_2=\dfrac{b_{32}^{(2)}}{z_2}$, $c_2=\dfrac{b_{22}^{(2)}}{z_2}$，则

$$\boldsymbol{P}(2,3,\varphi)\boldsymbol{B}_2=\begin{pmatrix} z_1 & b_{12}^{(3)} & b_{13}^{(3)} & \cdots & b_{1\,n-1}^{(3)} & b_{1n}^{(3)} \\ 0 & z_2 & b_{23}^{(3)} & \cdots & b_{2\,n-1}^{(3)} & b_{2n}^{(3)} \\ 0 & 0 & b_{33}^{(3)} & \cdots & b_{3\,n-1}^{(3)} & b_{3n}^{(3)} \\ 0 & 0 & b_{43}^{(3)} & \cdots & b_{4\,n-1}^{(3)} & b_{4n}^{(3)} \\ & & & \ddots & \vdots & \vdots \\ & & & & b_{n\,n-1}^{(3)} & b_{nn}^{(3)} \end{pmatrix}=\boldsymbol{B}_3$$

按照上面的方法继续下去，经过 $k-1$ 步便可得到矩阵 $\boldsymbol{B}_2,\boldsymbol{B}_3,\cdots,\boldsymbol{B}_k$ $(1\leqslant k\leqslant n-1)$，其中

$$\boldsymbol{P}(k-1,k,\varphi)\boldsymbol{B}_{k-1}=\begin{pmatrix} z_1 & \cdots & b_{1k-1}^{(k)} & b_{1k}^{(k)} & \cdots & b_{1n-1}^{(k)} & b_{1n}^{(k)} \\ \vdots & \ddots & \vdots & \vdots & \ddots & \vdots & \vdots \\ 0 & \vdots & z_{k-1} & b_{k-1\,k}^{(k)} & \cdots & b_{k-1\,n-1}^{(k)} & b_{k-1\,n}^{(k)} \\ 0 & \vdots & 0 & b_{k\,k}^{(k)} & \cdots & b_{k\,n-1}^{(k)} & b_{k\,n}^{(k)} \\ 0 & \vdots & 0 & b_{k+1\,k}^{(k)} & \cdots & b_{k+1\,n-1}^{(k)} & b_{k+1\,n}^{(k)} \\ & & & & \ddots & \vdots & \vdots \\ & & & & & b_{n\,n-1}^{(k)} & b_{nn}^{(k)} \end{pmatrix}=\boldsymbol{B}_k$$

第 k 步：设 $b_{k+1k}^{(k)}\neq 0$（否则进行下一步约化），取 Givens 变换矩阵

$$\boldsymbol{P}(k,k+1,\varphi)=\begin{pmatrix} 1 & & & & & & \\ & \ddots & & & & & \\ & & 1 & & & & \\ & & & c_k & s_k & & \\ & & & -s_k & c_k & & \\ & & & & & 1 & \\ & & & & & & \ddots \end{pmatrix}$$

其中 $z_k=\sqrt{\left(b_{kk}^{(k)}\right)^2+\left(b_{k+1k}^{(k)}\right)^2}$，$s_k=\dfrac{b_{k+1k}^{(k)}}{z_k}$，$c_k=\dfrac{b_{kk}^{(k)}}{z_k}$，则有

$$\boldsymbol{P}(k,k+1,\varphi)\boldsymbol{B}_k=\begin{pmatrix} z_1 & \cdots & b_{1k}^{(k+1)} & b_{1\,k+1}^{(k+1)} & \cdots & b_{1\,n-1}^{(k+1)} & b_{1n}^{(k+1)} \\ \vdots & \ddots & \vdots & \vdots & & \vdots & \vdots \\ 0 & \cdots & z_k & b_{k\,k+1}^{(k+1)} & \cdots & b_{k\,n-1}^{(k+1)} & b_{kn}^{(k+1)} \\ 0 & \cdots & 0 & b_{k+1\,k+1}^{(k+1)} & \cdots & b_{k+1\,n-1}^{(k+1)} & b_{k+1\,n}^{(k+1)} \\ 0 & \cdots & 0 & b_{k+2\,k+1}^{(k+1)} & \vdots & b_{k+2\,n-1}^{(k+1)} & b_{k+2\,n}^{(k+1)} \\ & & & & \ddots & \vdots & \vdots \\ & & & & & b_{n\,n-1}^{(k+1)} & b_{nn}^{(k+1)} \end{pmatrix}=\boldsymbol{B}_{k+1}$$

于是，经过 $n-1$ 次 Givens 变换，便可将上 Hessenberg 矩阵 $\boldsymbol{B}$ 变换为上三角矩阵

$$\boldsymbol{P}(n-1,n,\varphi)\boldsymbol{B}_{n-1}=\begin{pmatrix} z_1 & b_{12}^{(n)} & b_{13}^{(n)} & \cdots & b_{1n}^{(n)} \\ & z_2 & b_{23}^{(n)} & \cdots & b_{2n}^{(n)} \\ & & z_3 & \cdots & b_{3n}^{(n)} \\ & & & \ddots & \vdots \\ & & & & z_n \end{pmatrix}=\boldsymbol{B}_n$$

从而上三角矩阵 $\boldsymbol{B}_n$ 为

$$\boldsymbol{B}_n=\boldsymbol{P}(n-1,n,\varphi)\boldsymbol{P}(n-2,n-1,\varphi)\cdots\boldsymbol{P}(1,2,\varphi)\boldsymbol{B}_1$$

因为 $\boldsymbol{P}(n-1,n,\varphi)$, $\boldsymbol{P}(n-2,n-1,\varphi),\cdots$, $\boldsymbol{P}(1,2,\varphi)$ 均为正交矩阵，所以有

$$B=B_1=P^{\mathrm{T}}(1,2,\varphi)P^{\mathrm{T}}(2,3,\varphi)\cdots P^{\mathrm{T}}(n-1,n,\varphi)B_n=QR \tag{8.36}$$

其中正交矩阵 $\boldsymbol{Q}$ 为

$$Q=P^{\mathrm{T}}(1,2,\varphi)P^{\mathrm{T}}(2,3,\varphi)\cdots P^{\mathrm{T}}(n-1,n,\varphi) \tag{8.37}$$

步骤 3　根据上 Hessenberg 矩阵 $\boldsymbol{B}$ 的 QR 分解，按照将 $\boldsymbol{B}$ 作 QR 分解和将 $\boldsymbol{Q}$ 与 $\boldsymbol{R}$ 逆序相乘两个步骤构造迭代公式并反复迭代，求得分块上三角阵 $\boldsymbol{D}$.

由求得的上 Hessenberg 矩阵 $\boldsymbol{B}$ 的 QR 分解构造如下的迭代公式

$$\begin{cases} B_k=Q_kR_k \\ B_{k+1}=R_kQ_k \end{cases} \quad (k=1,2,\cdots)$$

根据迭代公式（8.29）生成的矩阵具有保持上 Hessenberg 矩阵结构不变的性质，按照上述公式反复迭代，就可生成本质收敛于只含有 1 阶和 2 阶对角块的分块上三角矩阵 $\boldsymbol{D}$ 的矩阵序列 $\{B_k\}$.

对于预先给定的一个充分小的正数 ε，反复迭代生成的矩阵 $B_{rq}=QR$ 的−1 号对角线上的元素 $b_{i+1\,i}$，如果满足 $|b_{i+1\,i}|<\varepsilon$，就可视其为 0. 如果经过 k 次迭代后，矩阵 B_{rq} 的−1 号对角线上仍然存在两个相邻元素 $b_{i+1\,i}^{(k)}$ 及 $b_{i+2\,i+1}^{(k)}$，满足

$$\left|b_{i+1\,i}^{(k)}\right|\geqslant\varepsilon \quad 且 \quad \left|b_{i+2\,i+1}^{(k)}\right|\geqslant\varepsilon,\quad i=1,2,\cdots,n-2 \tag{8.38}$$

则 B_{rq} 仍然不是分块上三角矩阵，需要对 B_{rq} 继续按分解和逆序相乘两个步骤迭代；否则，B_{rq} 已是只含有 1 阶和 2 阶对角块的分块上三角矩阵 $\boldsymbol{D}$.

步骤 4　求出分块上三角矩阵 $\boldsymbol{D}$ 的全部特征值，从而获得 $\boldsymbol{A}$ 的全部特征值.

由矩阵 B_{rq} 经迭代求出只含有 1 阶和 2 阶对角块的分块上三角矩阵 $\boldsymbol{D}$ 后，每个 1 阶子块的值就是 $\boldsymbol{D}$ 满足精度要求的一个实特征值，每个 2 阶子块的两个特征值也是 $\boldsymbol{D}$ 的一对特征值，可由以下 2 阶子块 D_i 求出两个特征值 λ_i 和 λ_{i+1}：

$$D_i=\begin{pmatrix} d_{ii} & d_{i\,i+1} \\ d_{i+1\,i} & d_{i+1\,i+1} \end{pmatrix}$$

$$\lambda_i=\frac{d_{ii}+d_{i+1\,i+1}+\sqrt{\Delta}}{2},\quad \lambda_{i+1}=\frac{d_{ii}+d_{i+1\,i+1}-\sqrt{\Delta}}{2} \tag{8.39}$$

其中 $\Delta=\left(d_{ii}-d_{i+1\,i+1}\right)^2+4d_{i\,i+1}d_{i+1\,i}$. 如果 $\Delta\geqslant 0$，则 λ_i 和 λ_{i+1} 是矩阵 $\boldsymbol{D}$ 的两个实特征值；否则，λ_i 和 λ_{i+1} 是 $\boldsymbol{D}$ 的一对共轭复特征值.

QR 方法由英国数学家 Francis 于 1961 年提出，对非对称矩阵和对称矩阵都适用，具有收敛速度较快、计算精确度高以及数值稳定性好等优点，迄今一直被认为是求一般实方阵全部特征值最有效且应用最广泛的算法. 运用 QR 方法时需要注意：

（1）在讨论求 n 阶实方阵 $\boldsymbol{A}$ 全部特征值的 QR 方法时，通常假设 $\boldsymbol{A}$ 为非奇异

方阵. 如果 $\boldsymbol{A}$ 为奇异方阵，则零为 $\boldsymbol{A}$ 的一个特征值. 任取不是 $\boldsymbol{A}$ 的特征值的常数 η，则 $\boldsymbol{A}-\eta\boldsymbol{I}$ 为非奇异方阵. 只要利用 QR 方法求出 $\boldsymbol{A}-\eta\boldsymbol{I}$ 的特征值，加上常数 η 就可得到 $\boldsymbol{A}$ 的特征值.

（2）QR 方法虽然能求出实方阵的 $\boldsymbol{A}$ 全部特征值，但却没有求出各个特征值对应的特征向量. 根据反幂法具有求出一个矩阵最接近某个常数的特征值和对应的特征向量的性质，可运用反幂法求出特定的实特征值对应的特征向量.

8.4.2　算法描述

如前所述，用 QR 方法求出一个 n 阶实方阵 $\boldsymbol{A}$ 全部特征值通常分四步实施，以下按照四个步骤描述算法.

（1）运用 Householder 变换矩阵将一般的 n 阶方阵 $\boldsymbol{A}$ 变换为一个上 Hessenberg 矩阵 $\boldsymbol{B}$ 的算法如下：

算法 8-4-1：将实方阵 $\boldsymbol{A}$ 变换为上 Hessenberg 矩阵 $\boldsymbol{B}$

1）输入实方阵 $\boldsymbol{A}$，求出 $\boldsymbol{A}$ 的阶数 n.

2）取 Householder 矩阵 $\boldsymbol{H}$ 的初值为零矩阵，正交矩阵 $\boldsymbol{P}$ 和上 Hessenberg 矩阵 $\boldsymbol{B}$ 的初值均为单位矩阵 $\boldsymbol{I}_n$，取 Householder 变换次数的初值为 $r=1$.

3）先取向量 $\boldsymbol{x}_r$ 为矩阵 $\boldsymbol{A}$ 的第 r 列，然后置 $\boldsymbol{x}_r$ 前 r 个元素的值为 0.

4）求出 $\|\boldsymbol{x}_r\|_2$，如果 $\|\boldsymbol{x}_r\|_2=0$，$\boldsymbol{H}=\boldsymbol{I}_n$，转步骤 6）；否则，如果 $\boldsymbol{x}_r$ 的第 $r+1$ 个分量大于 0，置 $\sigma_r=-\|\boldsymbol{x}_r\|_2$，转步骤 5）；否则，置 $\sigma_r=\|\boldsymbol{x}_r\|_2$.

5）计算向量 $\boldsymbol{u}_r=\boldsymbol{x}_r-\sigma_r\boldsymbol{e}_{r+1}$；构造 Householder 变换矩阵 $\boldsymbol{H}_r=\boldsymbol{I}_n-2\boldsymbol{u}_r\boldsymbol{u}_{\mathrm{r}}^{\mathrm{T}}/\left(\boldsymbol{u}_{\mathrm{r}}^{\mathrm{T}}\boldsymbol{u}_r\right)$.

6）对矩阵 $\boldsymbol{A}$ 施行正交相似变换，$\boldsymbol{B}=\boldsymbol{H}_r\boldsymbol{A}_r\boldsymbol{H}_r$，置 $\boldsymbol{A}=\boldsymbol{B}$，$\boldsymbol{P}=\boldsymbol{P}\boldsymbol{H}$.

7）$r=r+1$，如果 $r\leqslant n-2$，转步骤 3）；否则，输出正交矩阵 $\boldsymbol{P}$ 和 Hessenberg 矩阵 $\boldsymbol{B}$.

8）结束.

（2）运用 Givens 变换将上 Hessenberg 矩阵 $\boldsymbol{B}$ 变换为一个正交矩阵 $\boldsymbol{Q}$ 和一个上三角矩阵的乘积的算法如下：

算法 8-4-2：对上 Hessenberg 矩阵 $\boldsymbol{B}$ 作 QR 分解

1）取 Givens 变换次数初值 $i=1$，正交矩阵初值为单位矩阵 $\boldsymbol{Q}=\boldsymbol{I}_n$.

2）找出 n 阶上 Hessenberg 矩阵 $\boldsymbol{B}$ 第 i 列的两个分量 $x=b_{ii}$，$y=b_{i+1\,i}$.

3）如果 $y=0$，转步骤 6）；否则，转步骤 4）.

4）计算 $z=\sqrt{x^2+y^2}$, $s=y/z$, $c=x/z$；构造 Givens 变换矩阵 $\boldsymbol{P}(i,i+1)$.

5）计算经第 i 次 Givens 变换后得到的新矩阵 $\boldsymbol{B}=\boldsymbol{P}(i,i+1)\boldsymbol{B}$，以及 $\boldsymbol{Q}=\boldsymbol{QP}^{\mathrm{T}}(i,i+1)$.

6）Givens 变换次数 $i=i+1$，如果 $i\leqslant n-1$，转步骤 2）；否则，转步骤 7）.

7）生成上三角矩阵 $\boldsymbol{R}=\boldsymbol{B}$.

8）输出正交矩阵 $\boldsymbol{Q}$ 和上三角矩阵 $\boldsymbol{R}$.

9）结束.

（3）按照对上 Hessenberg 矩阵 $\boldsymbol{B}$ 作 QR 分解和将 $\boldsymbol{Q}$ 与 $\boldsymbol{R}$ 逆序相乘两个步骤构造迭代公式，反复迭代生成只含有 1 阶和 2 阶对角块的分块上三角矩阵 $\boldsymbol{D}$，算法如下：

算法 8-4-3：由 $\boldsymbol{B}$ 经迭代生成只含有 1 阶和 2 阶子块的分块上三角矩阵 $\boldsymbol{D}$

1）输入 QR 方法最大迭代次数 N，取迭代次数初值 $k=1$，输入计算精度要求 ε.

2）如果 $k\leqslant N$，对上 Hessenberg 矩阵 $\boldsymbol{B}$ 进行 QR 分解，求出 $\boldsymbol{R}$ 与 $\boldsymbol{Q}$ 的乘积 $\boldsymbol{B}_{rq}=\boldsymbol{RQ}$，转步骤 3）；否则，输出出错信息，转步骤 8）.

3）取 $i=1$.

4）如果 $i\leqslant n-2$，转步骤 5）；否则，转步骤 6）.

5）如果矩阵 $\boldsymbol{B}_{rq}$ 的−1 号对角线上元素满足 $\left|b_{i+1\,i}^{(k)}\right|>\varepsilon$ 且 $\left|b_{i+2\,i+1}^{(k)}\right|>\varepsilon$，则 $\boldsymbol{B}_{rq}$ 不是只含有 1 阶和 2 阶对角块的分块上三角矩阵，置标识符为 flag = 0，转步骤 6）；否则，flag = 1，$i=i+1$，转步骤 4）.

6）如果 flag = 1，表明 $\boldsymbol{B}_{rq}$ 是只含有 1 阶和 2 阶对角块的分块上三角矩阵，$\boldsymbol{D}=\boldsymbol{B}_{rq}$，输出矩阵 $\boldsymbol{D}$，转步骤 8）；否则，$\boldsymbol{B}_{rq}$ 还不是满足要求的分块上三角矩阵，转步骤 7）.

7）迭代次数 $k=k+1$，$\boldsymbol{B}=\boldsymbol{B}_{rq}$，转步骤 2）；否则，输出出错信息，转步骤 8）.

8）结束.

（4）求出只含有 1 阶和 2 阶子块的分块上三角矩阵 $\boldsymbol{D}$ 的全部特征值，从而获得一般 n 阶实方阵 $\boldsymbol{A}$ 全部特征值的算法如下：

算法 8-4-4：求出一般 n 阶实方阵 $\boldsymbol{A}$ 的全部特征值的 QR 方法

1）输入 n 阶实方阵 $\boldsymbol{A}$，QR 方法最大迭代次数 N，计算精度要求 ε，求出 $\boldsymbol{A}$ 的阶数 n.

2）运用 Householder 变换矩阵将 $\boldsymbol{A}$ 变换为上 Hessenberg 矩阵 $\boldsymbol{B}$.

3）运用 Givens 变换将上 Hessenberg 矩阵 $\boldsymbol{B}$ 变换为正交矩阵 $\boldsymbol{Q}$ 和上三角矩阵的乘积 $\boldsymbol{QR}$，进而构造迭代公式，迭代生成只含有 1 阶和 2 阶对角块的分块上三角矩阵 $\boldsymbol{D}$.

4）如果 $\boldsymbol{D}$ 不是只含有 1 阶和 2 阶对角块的分块上三角矩阵，转步骤 9)；否则，取特征值的序号初值为 1：$i=1$，转步骤 6）.

5）如果 $i \leqslant n-1$，转步骤 6)；否则，转步骤 8）.

6）如果 $\boldsymbol{D}$ 的次对角线上的元素满足 $|d_{i+1\,i}| \leqslant \varepsilon$，则特征值 $\lambda_i = d_{ii}$，输出 λ_i，$i=i+1$，转步骤 5)；否则，计算 $\Delta = \left(d_{ii} - d_{i+1\,i+1}\right)^2 + 4d_{i\,i+1}d_{i+1\,i}$.

7）如果 $\Delta \geqslant 0$，计算实特征值 $\lambda_i = (d_{ii} + d_{i+1\,i+1} + \sqrt{\Delta})/2$，$\lambda_{i+1} = (d_{ii} + d_{i+1\,i+1} - \sqrt{\Delta})/2$，输出 λ_i 和 λ_{i+1}，$i=i+2$，转步骤 5)；否则，计算复特征值的实部 $\lambda_R = (d_{ii} + d_{i+1\,i+1})/2$ 和虚部 $\lambda_I = \sqrt{-\Delta}/2$，输出一对共轭特征值 $\lambda_i = \lambda_R + \lambda_I$，$\lambda_{i+1} = \lambda_R - \lambda_I$，$i=i+2$；转步骤 5）.

8）如果 $i=n$，则 $\lambda_n = d_{nn}$，输出 λ_n.

9）结束.

8.4.3　编程实现举例

例 8-4　已知 n 阶非奇异实矩阵 $\boldsymbol{A}$

$$\boldsymbol{A} = \begin{pmatrix} 1 & 2 & 3 & 4 & 5 & 6 \\ 8 & 9 & 1 & 2 & 3 & 4 \\ 2 & 9 & 11 & 13 & 15 & 8 \\ -2 & -3 & -1 & -1 & -1 & -1 \\ 2 & 3 & 4 & 13 & 15 & 0 \\ -2 & -3 & -4 & -5 & -3 & -3 \end{pmatrix}$$

用 QR 方法求 $\boldsymbol{A}$ 的全部特征值，要求输出：

（1）运用 Householder 变换矩阵将 $\boldsymbol{A}$ 变换得到的正交矩阵 $\boldsymbol{P}$ 及上 Hessenberg 矩阵 $\boldsymbol{B}$；

（2）运用 Givens 变换对上 Hessenberg 矩阵 $\boldsymbol{B}$ 作 QR 分解得到的正交矩阵 $\boldsymbol{Q}$ 和上三角矩阵 $\boldsymbol{R}$；

（3）基于上 Hessenberg 矩阵 ***B*** 的 QR 分解构造的迭代公式所生成的只含 1 阶和 2 阶对角块的分块上三角矩阵 ***D***.

（4）矩阵 ***A*** 的全部特征值，精确到小数点后 8 位.

解　通过建立三个 Matlab 函数和一个 Matlab 主程序实现题目要求.

（1）运用 Householder 变换矩阵将一般的 *n* 阶方阵 ***A*** 变换为一个上 Hessenberg 矩阵 ***B*** 的 Matlab 函数如下：

```
function [P,B]=fA2Hess(A)
% FA2HESS 运用 Householder 变换将实方阵 A 变换为上 Hessenberg 矩阵 B
% P 为将 A 变换为 B 时对应的正交矩阵 P, B=P'AP.
% ===============================================================
n=length(A);                  % 求出方阵 A 的阶数
x=zeros(n,1);                 % 存储方阵 A 的一列的向量
u=zeros(n,1);                 % 构造 Householder 矩阵的向量
H=zeros(n,n);                 % Householder 矩阵 H 的初值
In=eye(n);                    % In 为 n 阶单位向量
P=In;                         % 正交矩阵 P 的初值
B=In;                         % Hessenberg 矩阵 B 的初值
epsilon=1.0e-8;               % 指定计算精度要求
for r=1:n-2                   % 通过 n-2 次正交相似变换将 A 化为 B
    for k=1:n
        x(k)=A(k,r);          % 第 r 次变换时向量 x 取 A 的第 r 列
    end
    for j=1:r
        x(j)=0;               % 置向量 x 的前 r 个分量的值为 0
    end
    s=0;
    for j=1:n
        s=s+x(j)*x(j);        % 计算向量 x 的 2-范数的平方
    end
    if s < epsilon            % 若 x 为 0 向量，取 H=In
        H=In;
    else
        if x(r+1) > 0
            sigma=-sqrt(s);% 根据 x 第 r+1 个分量的值计算 sigma
        else
            sigma=sqrt(s);
        end
        e=zeros(n,1);
        e(r+1,1)=1;           % 单位向量 e 的第 r+1 个元素为 1，其余元素为 0
        u=x-sigma*e;
        H=In-2*u*u'/(u'*u);% 构造 Householder 变换矩阵 H
    end
```

```
        B=H*A*H;                    % 对 A 进行第 r 次正交相似变换
        A=B;                        % 获得经过第 r 次变换后的新矩阵
        P=P*H;                      % 计算第 r 次变换后的正交矩阵 P
    End
```

```
    >>A=[1,2,3,4,5,6;8,9,1,2,3,4;2,9,11,13,15,8;-2,-3,-1,-1,-1,
-1;2,3,4,13,15,0;-2,-3,-4,-5,-3,-3];
    >>[P,B]=fA2Hess(A)↙
    P =
        1.0000         0         0         0         0         0
             0   -0.8944    0.2963    0.2137   -0.0187    0.2573
             0   -0.2236   -0.9290    0.2138    0.1590    0.1265
             0    0.2236    0.0339   -0.2372    0.0828    0.9411
             0   -0.2236   -0.2191   -0.6448   -0.6962   -0.0402
             0    0.2236    0.0031    0.6608   -0.6949    0.1744
    B =
        1.0000   -1.3416   -3.1357    0.8610   -6.8795    5.5044
       -8.9443   10.9000    3.3389    0.8889   10.1438  -12.8824
        0.0000    7.2450   11.2414    6.1143   12.9776  -17.0098
        0.0000    0.0000    3.8198    6.9966    3.6209   -7.4512
       -0.0000    0.0000    0.0000    7.4825    1.9742   -2.1445
        0.0000    0.0000    0.0000    0.0000   -0.8585   -0.1122
    >>
```

（2）运用 Givens 变换对上 Hessenberg 矩阵 ***B*** 作 QR 分解的 Matlab 函数如下：

```
    function [Q,R]=fB2QR(B)
    % FB2QR 运用 Givens 变换对上 Hessenberg 矩阵 B 作 QR 分解
    % Q 为正交矩阵, R 为上三角矩阵, B=Q*R.
    % =================================================================
    n=length(B);                    % 求出方阵 B 的阶数
    Q=eye(n);                       % 取正交矩阵初值为 n 阶单位矩阵
    for i=1:n-1                     % 通过 n-1 次 Givens 变换实现 B 的 QR 分解
        x=B(i,i);                   % x 取矩阵 B 第 i 行第 i 列的元素
        y=B(i+1,i);                 % y 取矩阵 B 第 i+1 行第 i 列的元素
        if y~=0
            z=sqrt(x*x+y*y);        % 构造 2 阶 Givens 变换矩阵 P
            s=y/z; c=x/z;
            for j=i:n               % 计算 B 第 i 和第 i+1 两行第 i 至 n 列新元素
                Tem1(j)=c*B(i,j)+s*B(i+1,j);Tem2(j)=-s*B(i,j)+c*B(i+1,j);
            end
            for j=1:n               % 计算 Q 第 i 和第 i+1 两列的新元素
                Tem3(j)=c*Q(j,i)+s*Q(j,i+1);Tem4(j)=-s*Q(j,i)+c*Q(j,i+1);
            end
```

```
        for j=i:n                       % 生成经第 i 次 Givens 变换后的 B
            B(i,j)=Tem1(j);             % 修改 B 第 i 行第 i 至 n 列元素
            B(i+1,j)=Tem2(j);           % 修改 B 第 i+1 行第 i 至 n 列元素
        end
        for j=1:n                       % 生成经第 i 次 Givens 变换后的 Q
            Q(j,i)=Tem3(j);             % 修改 Q 第 i 列的元素
            Q(j,i+1)=Tem4(j);           % 修改 Q 第 i+1 列的元素
        end
    end
end
R=B;                                    % 生成上三角矩阵 R
```

```
>>[Q,R]=fB2QR(B)↙
Q =
    0.1111   -0.0168   -0.5525    0.4439   -0.6728   -0.1799
   -0.9938   -0.0019   -0.0618    0.0496   -0.0752   -0.0201
         0    0.9999   -0.0094    0.0075   -0.0114   -0.0031
         0         0    0.8312    0.2989   -0.4530   -0.1211
         0         0         0    0.8433    0.5193    0.1388
         0         0         0         0   -0.2583    0.9661
R =
    9.0000  -10.9816   -3.6666   -0.7878  -10.8454   13.4142
    0.0000    7.2460   11.2861    6.0973   13.0721  -17.0755
    0.0000         0    4.5957    5.2273    6.0622   -8.2790
    0.0000    0.0000    0.0000    8.8732    0.2943   -2.3594
   -0.0000    0.0000    0.0000    0.0000    3.3241   -0.2495
    0.0000    0.0000    0.0000    0.0000    0.0000   -0.1828
>>
```

（3）基于上 Hessenberg 矩阵 $\boldsymbol{B}$ 的 QR 分解构造迭代公式，迭代生成只含 1 阶和 2 阶对角块的分块上三角矩阵的 Matlab 函数如下：

```
function D=fRQ2D(B,N)
% FQR2D 基于 n 阶上 Hessenberg 矩阵 B 的 QR 分解构造迭代公式并迭代生成矩阵 D
% B 可分解为 Q*R,其中 Q 为正交矩阵, R 为上三角矩阵
% N 为基本 QR 方法的最大迭代次数
% D 是由基本 QR 方法迭代生成的只含 1 阶和 2 阶对角块的分块上三角矩阵
% flag 标识矩阵 Brq 是(=1)或不是(=0)只含 1 阶和 2 阶对角块的分块上三角矩阵
% ==================================================================
epsilon=1.0e-8;                  % 指定计算精度要求
k=1;                             % 生成矩阵 D 需要的迭代次数的初值
n=length(B);                     % 求出方阵 B 的阶数
while k<=N
    [Q,R]=fB2QR(B);
```

```
        Brq=R*Q;                      % 生成新上 Hessenberg 矩阵
        for i=1:n-2
            if (abs(Brq(i+1,i))>epsilon) & (abs(Brq(i+2,i+1))>epsilon)
               flag=0;                % Brq 不是只含 1 阶和 2 阶对角块的分块上三角阵
               break;
            else
               flag=1;
            end
        end
        if flag==1
            D=Brq;                    % Brq 已是只含 1 阶和 2 阶对角块的分块上三角阵
            fprintf('经过 %2d 次迭代，求得了只含 1 阶和 2 阶对角块的分块上三角矩
阵 D.\n',k);
            return;
        else
            k=k+1;
            B=Brq;                    % 准备进行下一次分解与逆序相乘的迭代过程
        end
    end
    fprintf('已经迭代 %2d 次,仍未求得只含 1 阶和 2 阶对角块的分块上三角矩阵 D.\n',N);
    D=[];                             % 未求得只含 1 阶和 2 阶对角块的分块上三角矩阵 D
```

```
>>fRQ2D(B,20)↙
已经迭代 20 次，仍未求得只含 1 阶和 2 阶对角块的分块上三角矩阵 D.
D =[]
>>fRQ2D(B,200)↙
经过 34 次迭代，求得了只含 1 阶和 2 阶对角块的分块上三角矩阵 D.
D =
   20.4697  -12.4745  -12.4458   -8.2828    5.0966   20.1537
   -0.0000    6.8156   -4.8518   -5.8939   -1.7836   -2.9087
   -0.0000    0.4850    6.0271    1.0130    4.0861    0.7947
   -0.0000   -0.0000    0.0000    1.1692   -2.8581    1.2236
   -0.0000    0.0000   -0.0000    4.8727   -2.3195   -0.5123
   -0.0000    0.0000   -0.0000   -0.0000   -0.0000   -0.1621
>>
```

（4）用 QR 方法求矩阵 $\boldsymbol{A}$ 全部特征值的 Matlab 主程序如下：

```
% *****************************************************************
% 用 QR 方法求出 n 阶非奇异实矩阵 A 全部特征值程序 QRM.m
% =================================================================
clear all; clc;
format long;format compact;
A=[1,2,3,4,5,6;8,9,1,2,3,4;2,9,11,13,15,8;-2,-3,-1,-1,-1,-1;2,3,
4,13,15,0;-2,-3,-4,-5,-3,-3];
```

```
epsilon=1.0e-6;              % 指定计算精度要求
n=length(A);                 % 求出方阵 A 的阶数
N=input('请输入基本 QR 方法的最大迭代次数 N=: ');
[P,B]=fA2Hess(A);       % 运用 Householder 变换矩阵将 A 变换为上 Hessenberg 矩阵 B
D=fRQ2D(B,N);           % 由 B 迭代生成只含 1 阶和 2 阶对角块的分块上三角矩阵 D
if length(D)==0         % 矩阵 D 不是含 1 阶和 2 阶对角块的分块上三角矩阵
    return
else
    i=1;
    fprintf('%d 阶非奇异实矩阵 A 的全部特征值为:\n',n);
    while i<=n-1        % 判断矩阵 D 的每个对角块是 1 阶子块还是 2 阶子块
        if abs(D(i+1,i))<=epsilon      % 求 1 阶子块对应的特征值并直接输出
            lambda(i)=D(i,i);
            fprintf('%2d   %16.8f\n',i,lambda(i));
            i=i+1;
        else
            Delta=(D(i,i)-D(i+1,i+1))^2+4*D(i,i+1)*D(i+1,i);
            if Delta>=0                % 求 2 阶子块对应的实特征值并输出
                lambda(i)=(D(i,i)+D(i+1,i+1)+sqrt(Delta))/2;
                fprintf('%2d   %16.8f\n',i,lambda(i));
                lambda(i+1)=(D(i,i)+D(i+1,i+1)-sqrt(Delta))/2;
                fprintf('%2d   %16.8f\n',i+1,lambda(i+1));
            else                       % 求 2 阶子块对应的共轭复特征值并输出
                lambdaR=(D(i,i)+D(i+1,i+1))/2;
                lambdaI=sqrt(-Delta)/2;
                fprintf('%2d %16.8f+%3.8f i\n',i,lambdaR,lambdaI);
                fprintf('%2d %16.8f-%3.8f i\n',i+1,lambdaR,lambdaI);
            end
            i=i+2;
        end
    end
    if i==n
        lambda(n)=D(n,n);              % 1 阶子块对应的特征值
        fprintf('%2d   %16.8f\n',n,lambda(n));
    end
end
```

```
>>QRM↙
请输入 QR 方法的最大迭代次数 N=: 20
已经迭代 20 次，仍未求得只含 1 阶和 2 阶对角块的分块上三角矩阵 D.
>> QRM↙
请输入 QR 方法的最大迭代次数 N=: 200
经过 34 次迭代，求得了只含 1 阶和 2 阶对角块的分块上三角矩阵 D.
6 阶非奇异实矩阵 A 的全部特征值为:
 1       20.46967903
```

```
   2        6.42135331 + 1.48253539 i
   3        6.42135331 - 1.48253539 i
   4       -0.57515000 + 3.29904233 i
   5       -0.57515000 - 3.29904233 i
   6       -0.16208564
  >>
```

编程计算习题 8

8.1 用乘幂法求矩阵 $\boldsymbol{A}$ 模最大的特征值及对应的特征向量

$$\boldsymbol{A}=\begin{pmatrix} 3 & 4 & 7 & -5 \\ 8 & -4 & 9 & 16 \\ -3 & 2 & -8 & 5 \\ -6 & 19 & 7 & 12 \end{pmatrix}$$

要求精确到小数点后 8 位，并统计迭代次数.

8.2 已知矩阵

$$\boldsymbol{A}=\begin{pmatrix} 2 & -1 & 1 & 9 \\ 3 & 7 & 2 & 5 \\ 12 & 8 & 1 & 3 \\ 10 & 11 & 4 & 5 \end{pmatrix}$$

用反幂法求矩阵 $\boldsymbol{A}$ 模最小的特征值及对应的特征向量，精确到小数点后 6 位，并统计迭代次数.

8.3 用反幂法求矩阵 $\boldsymbol{A}$ 最接近 200 的特征值及其对应的特征向量，

$$\boldsymbol{A}=\begin{pmatrix} 3 & 4 & 7 & -5 \\ 8 & -4 & 9 & 16 \\ -3 & 2 & -8 & 5 \\ -6 & 19 & 7 & 12 \end{pmatrix}$$

要求精确到小数点后 8 位，并统计迭代次数.

8.4 用 Jacobi 方法求对称矩阵 $\boldsymbol{A}$ 的全部特征值及其对应的特征向量

$$\boldsymbol{A}=\begin{pmatrix} 10 & 1 & 2 & 3 & 4 \\ 1 & 9 & -1 & 2 & -3 \\ 2 & -1 & 7 & 3 & -5 \\ 3 & 2 & 3 & 12 & -1 \\ 4 & -3 & -5 & -1 & 15 \end{pmatrix}$$

要求精确到小数点后 8 位，并统计施行正交相似变换的次数.

8.5 用 QR 方法求对称矩阵 $\boldsymbol{A}$ 的全部特征值，精确到小数点后 8 位.

$$\boldsymbol{A}=\begin{pmatrix}10 & 1 & 2 & 3 & 4\\ 1 & 9 & -1 & 2 & -3\\ 2 & -1 & 7 & 3 & -5\\ 3 & 2 & 3 & 12 & -1\\ 4 & -3 & -5 & -1 & 15\end{pmatrix}$$

8.6 已知矩阵 $\boldsymbol{A}$

$$\boldsymbol{A}=\begin{pmatrix}1 & 6 & -3 & -1 & 7\\ 8 & -15 & 18 & 5 & 4\\ -2 & 11 & 9 & 15 & 20\\ -13 & 2 & 21 & 20 & -6\\ 17 & 22 & -5 & 3 & 6\end{pmatrix}$$

用 QR 方法求矩阵 $\boldsymbol{A}$ 的全部特征值，精确到小数点后 8 位；并运用反幂法求出各个实特征值对应的特征向量，精确到小数点后 8 位.

8.7 已知下列非奇异实矩阵

$$\boldsymbol{A}=\begin{pmatrix}3 & 2 & 3 & 4 & 5 & 6 & 7\\ 11 & 1 & 2 & 3 & 4 & 5 & 6\\ 2 & 8 & 9 & 1 & 2 & 3 & 4\\ -4 & 2 & 9 & 11 & 13 & 15 & 8\\ -1 & -2 & -3 & -1 & -1 & -1 & -1\\ 3 & 2 & 3 & 4 & 13 & 15 & 8\\ -2 & -2 & -3 & -4 & -5 & -3 & -3\end{pmatrix}$$

（1）求运用 Householder 变换矩阵将 $\boldsymbol{A}$ 变换得到的上 Hessenberg 矩阵 $\boldsymbol{B}$ 及对应的正交矩阵 $\boldsymbol{P}$；

（2）求用 Givens 变换对矩阵 $\boldsymbol{B}$ 进行 QR 分解获得的正交矩阵 $\boldsymbol{Q}$ 和上三角矩阵 $\boldsymbol{R}$；

（3）计算由上 Hessenberg 矩阵 $\boldsymbol{B}$ 经 QR 分解和 $\boldsymbol{Q}$ 与 $\boldsymbol{R}$ 逆序相乘构造的迭代所生成的只含 1 阶和 2 阶对角块的分块上三角矩阵 $\boldsymbol{D}$ 及迭代次数；

（4）计算矩阵 $\boldsymbol{A}$ 的全部特征值，精确到小数点后 8 位.

附录 A　编程计算习题参考答案

编程计算习题 1

1.1 $x \approx 0.0$, $y \approx 5.0 \times 10^{-9}$.

1.2 c=13 时方程的两个根为：$x_1 \approx -0.536150$，$x_2 \approx -3.463850$.

c=43 时方程的两个根为：$x_1 \approx -2.000000+1.463850i$；$x_2 \approx -2.000000-1.463850i$.

1.3 $p(1.376590) \approx 27.802711$.

1.4 方程组的解为：$x_1 \approx 1.000002$，$x_2 \approx 2.999999$.

1.5 正推公式（A）的计算结果 $I_0, I_1, \cdots, I_{10}$ 依次为：0.182322；0.088390；0.058050；0.043083；0.034583；0.027083；0.031250；−0.013393；0.191964；−0.848710；4.343552.

逆推公式（B）的计算结果 $I_{10}, I_9, \cdots, I_0$ 依次为：0.016667; 0.016667; 0.018889; 0.021222; 0.024327; 0.028468; 0.034306; 0.043139; 0.058039; 0.088392; 0.182322.

公式（A）是数值不稳定算法；公式（B）是数值稳定的算法.

编程计算习题 2

2.1（1）$x \approx 1.324718$，共对分区间 20 次.

（2）$x \approx 3.733079$，共对分区间 20 次.

（3）$x \approx 0.607102$，共对分区间 20 次.

2.2 不动点迭代法 $x \approx 3.733076$，迭代 18 次；Steffensen 加速法 $x \approx 3.733076$，迭代 3 次.

2.3（1）Steffensen 加速法 $x \approx 1.839287$，迭代 37 次；

（2）不能用不动点迭代法求解，因为迭代不收敛.

2.4 Newton 迭代法：$x \approx 1.3247180$，迭代 12 次；Newton 下山法：$x \approx 1.3247180$，迭代 5 次.

2.5（1）对分区间法 $x \approx 1.3688081078$，对分区间 34 次；

（2）Newton 迭代法 $x \approx 1.3688081078$，迭代 4 次；

（3）割线法 $x \approx 1.3688081078$，迭代 6 次.

编程计算习题 3

3.1 A1 ≈

4.003000	1.735000	−2.098000	−1.772000	−1.923000
0.000000	4.451423	3.728874	−0.479192	1.278455
0.000000	1.994762	4.527176	3.888560	2.398250
0.000000	1.999567	3.000524	−6.704557	−4.021520

A3 ≈

4.003000	1.735000	−2.098000	−1.772000	−1.923000
0.000000	4.451423	3.728874	−0.479192	1.278455
0.000000	0.000000	2.856202	4.103294	1.825352
0.000000	0.000000	0.000000	−8.393589	−5.442919

方程组的解为：x(4) ≈ 0.648461，x(3) ≈ −0.292513，x(2) ≈ 0.602040，x(1) ≈ −0.607584.

3.2（1）矩阵 $\boldsymbol{A}$ 的 Doolittle 分解矩阵为

$$\boldsymbol{A} \approx \begin{pmatrix} 1 & 0 & 0 & 0 & 0 \\ 0.5 & 1 & 0 & 0 & 0 \\ 2.0 & 8 & 1 & 0 & 0 \\ -1.5 & -1 & -0.3514 & 1 & 0 \\ 0.5 & 7 & 0.8378 & -1.2069 & 1 \end{pmatrix} \begin{pmatrix} 2 & -1 & 4 & -3 & 1 \\ 0 & 0.5 & 4 & -0.5 & 3.5 \\ 0 & 0 & -37 & 13 & -31 \\ 0 & 0 & 0 & 1.5676 & -1.8919 \\ 0 & 0 & 0 & 0 & 2.6897 \end{pmatrix}$$

$$\det(\boldsymbol{A}) = -156.0000$$

（2）方程组的解为：$\boldsymbol{x}=(1.00000\quad 2.00000\quad 1.00000\quad -1.00000\quad 4.00000)$.

（3）矩阵 $\boldsymbol{A}$ 的 Crout 分解矩阵为

$$\boldsymbol{A} \approx \begin{pmatrix} 8.1200 & 0 & 0 & 0 \\ 0.5900 & -6.3922 & 0 & 0 \\ 2.5200 & 2.8245 & 2.8952 & 0 \\ -1.6900 & 3.7033 & 4.3667 & -6.6119 \end{pmatrix} \begin{pmatrix} 1 & 0.2919 & -0.1909 & 0.3498 \\ 0 & 1 & -0.1537 & 0.4093 \\ 0 & 0 & 1 & 0.5604 \\ 0 & 0 & 0 & 1 \end{pmatrix}$$

3.3 方程组的解为 $\boldsymbol{x} \approx (0.6667, -1.0000, 1.5000, 0)$.

系数矩阵的 Crout 分解矩阵为

$$\begin{pmatrix} 6 & 0 & 0 & 0 \\ 9 & -8.5 & 0 & 0 \\ 3 & 1.5 & 4.2353 & 0 \\ 3 & -11.5 & -8.4706 & -1 \end{pmatrix} \cdot \begin{pmatrix} 1 & 0.8333 & -0.3333 & 0.8333 \\ 0 & 1 & -0.8235 & 1.0000 \\ 0 & 0 & 1 & -1.4167 \\ 0 & 0 & 0 & 1 \end{pmatrix}$$

3.4 方程组的解为 $\boldsymbol{x} \approx (2.5758, -1.5758, 0.5758, 2.8485, -1.9697)$.

系数矩阵的 Cholesky 分解矩阵为

$$\boldsymbol{L}_1 \approx \begin{pmatrix} 1.0000 & 0 & 0 & 0 & 0 \\ 1.0000 & 1.0000 & 0 & 0 & 0 \\ 0 & 1.0000 & 1.4142 & 0 & 0 \\ 0 & 0 & 0.7071 & 1.8708 & 0 \\ 0 & 0 & 0 & 0.5345 & 2.1712 \end{pmatrix}$$

系数矩阵改进的 Cholesky 分解矩阵为

$$\boldsymbol{L}_2 \approx \begin{pmatrix} 1.0000 & 0 & 0 & 0 & 0 \\ 1.0000 & 1.0000 & 0 & 0 & 0 \\ 0 & 1.0000 & 1.0000 & 0 & 0 \\ 0 & 0 & 0.5000 & 1.0000 & 0 \\ 0 & 0 & 0 & 0.2857 & 1.0000 \end{pmatrix}$$

改进的 Cholesky 分解所得对角矩阵组成的向量 $\boldsymbol{d} \approx (1, 1, 2, 3.5, 4.7143)$.

3.5 方程组的解为 $\boldsymbol{x} \approx (2.0000, 3.0000, 4.0000, 5.0000, 6.0000)$

下二对角矩阵对角元组成的向量为 $\boldsymbol{s} \approx (2.0000, 1.5000, 1.3333, 1.2500, 1.2000)$.

编程计算习题 4

4.1 方程组的解为 $\boldsymbol{x} \approx (0.296552, 2.156322, 2.595402, 1.390805)$，用 Jacobi 迭代法迭代 17 次，用 Gauss-Seidel 迭代法迭代 8 次.

4.2 方程组的解为 $\boldsymbol{x} \approx (1.27616，1.29806，0.48904，1.30273)$，共迭代 8 次.

4.3 方程组的解为 $\boldsymbol{x} \approx (1.00000000，2.00000000，1.00000000，2.00000000，1.00000000，2.00000000)$，共迭代 28 次.

4.4 方程组的解为 $\boldsymbol{x} \approx (-2.302847，2.207353，2.387805，-1.403721)$，松弛因子 $\omega = 0.75, 1.0, 1.25, 1.45$ 对应的迭代次数分别为 14，11，24，69 次.

4.5 方程组的解为 $\boldsymbol{x} \approx (-0.999999, -0.999999, -1.000000, -1.000000)$. 松弛因子 ω 与迭代次数 k 的对应关系如下表：

ω	1.0	1.1	1.2	1.3	1.4	1.5	1.6	1.7	1.8	1.9
k	26	21	15	15	18	24	32	44	71	147

编程计算习题 5

5.1（1）$L_5(4.8)\approx -0.0069$；（2）$L_{10}(4.8)\approx 1.8044$；（3）$f(4.8)\approx 0.4160$；图像（略）.

5.2 $N_4(0.916298)\approx 0.793187$.

5.3 $S_1(3.5)\approx 1.26389$，相对误差 $E_r(3.5)\approx 0.06122$；图像（略）.

5.4 $S_3(1.3)\approx 0.37178$; $S_3(2.5)\approx 0.13750$; $S_3(3.6)\approx 0.07154$; $S_3(4.8)\approx 0.04150$.
图像（略）.

5.5 弯矩 M: −2.0286　−1.4267　−1.0333　−0.8085　−0.5646
中点横坐标值 x0: 0.2750　0.3450　0.4200　0.4900
中点的函数值 y0: 0.5244　0.5874　−0.6481　0.7000

5.6 转角 m=: 0.8000　0.7715　0.7041　0.6123　0.3867　0.3607　−0.1497
−0.2421　0.4879　−0.7495　0.2000

S(4.25) ≈ 2.7975; S(7.75) ≈ 2.9504

5.7 数 $f(x)$ 在各个区间中点 x_i 处的近似值及相应的相对误差如下.

No.	x_i	$f(x_i)$	$S_1(x_i)$	$E_r(S_1(x_i))$	$S_3(x_i)$	$E_r(S_3(x_i))$
1	0.5	0.80000	0.75000	−0.06250	0.81250	0.01562
2	1.5	0.30769	0.35000	0.13750	0.30750	−0.00063
3	2.5	0.13783	0.15000	0.08750	0.13750	−0.00312
4	3.5	0.07547	0.07941	0.05221	0.07537	−0.00132
5	4.5	0.04706	0.04864	0.03365	0.04703	−0.00058
6	5.5	0.03200	0.03274	0.02326	0.03199	−0.00029
7	6.5	0.02312	0.02351	0.01696	0.02312	−0.00015
8	7.5	0.01747	0.01769	0.01288	0.01747	−0.00009

5.8 $y\approx 0.7273x^2-4.3818x+8.0636$.

5.9 $y\approx 1.4283x^{2.0207}$.

编程计算习题 6

6.1（1）$T_8\approx 0.9456908$；（2）$S_4\approx 0.9460831$；（3）$C_2\approx 0.9460831$.

6.2 $I\approx T\approx 3.14159265358$.

6.3（1）$I \approx 0.1115717845$；（2）$I \approx 1.5707962928$.

6.4 $I_2 \approx 0.11144131$； $I_3 \approx 0.11157383$； $I_4 \approx 0.11157175$； $I_5 \approx 0.11157178$.

6.5 $f'(1) \approx 5.65170832$，17 次；$f'(3) \approx 7.54012660$，16 次；$f'(5) \approx 8.48556442$，15 次.

6.6 $f''(-2) = f''(2) \approx 0.40600584$， 10 次.

6.7 $I \approx 1.493648$.

6.8 估计最优步长法： $f''(-1) \approx 19.02797241$； $f''(0.5) \approx 0.15163267$.

满足精度要求法： $f''(-1) \approx 19.02797269$； $f''(0.5) \approx 0.15163273$.

编程计算习题 7

7.1

节点	精确解	改进的 Euler 法	绝对误差	4 阶经典 R-K 法	绝对误差
0.0000	1.00000000	1.00000000	0.00000000	1.00000000	0.00000000
0.1000	1.00332228	1.00333333	0.00001105	1.00332229	0.00000001
0.2000	1.01315940	1.01318043	0.00002103	1.01315944	0.00000003
0.3000	1.02914247	1.02917124	0.00002878	1.02914254	0.00000007
0.4000	1.05071757	1.05075108	0.00003351	1.05071768	0.00000010
0.5000	1.07721735	1.07725231	0.00003497	1.07721748	0.00000013
0.6000	1.10793165	1.10796505	0.00003340	1.10793181	0.00000016
0.7000	1.14216476	1.14219414	0.00002938	1.14216493	0.00000017
0.8000	1.17927371	1.17929728	0.00002358	1.17927388	0.00000018
0.9000	1.21868891	1.21870558	0.00001667	1.21868908	0.00000018
1.0000	1.25992105	1.25993027	0.00000922	1.25992122	0.00000017

7.2

节点	精确解	4 阶 Adams P-C 法	绝对误差	修正的 4 阶 Adams P-C 法	绝对误差
1.0000	0.00000000	0.00000000	0.00000000	0.00000000	0.00000000
1.2000	0.13331477	0.13331572	0.00000095	0.13331572	0.00000095
1.4000	0.27871752	0.27871908	0.00000155	0.27871908	0.00000155
1.6000	0.43401708	0.43401899	0.00000191	0.43401899	0.00000191
1.8000	0.59741945	0.59741709	−0.00000236	0.59741932	−0.00000012

2.0000	0.76745584	0.76745077	−0.00000507	0.76745651	0.00000067
2.2000	0.94292372	0.94291704	−0.00000667	0.94292468	0.00000097
2.4000	1.12283851	1.12283095	−0.00000756	1.12283961	0.00000110
2.6000	1.30639414	1.30638623	−0.00000791	1.30639534	0.00000121
2.8000	1.49293062	1.49292274	−0.00000788	1.49293184	0.00000122
3.0000	1.68190763	1.68190002	−0.00000760	1.68190882	0.00000119

7.3

节点 x	函数值 y	函数值 z
0.0000000000	−0.4000000000	−0.6000000000
0.1000000000	−0.4617333423	−0.6316312421
0.2000000000	−0.5255598832	−0.6401489478
0.3000000000	−0.5886014356	−0.6136638059
0.4000000000	−0.6466123060	−0.5365820287
0.5000000000	−0.6935666553	−0.3887380973
0.6000000000	−0.7211518991	−0.1443808672
0.7000000000	−0.7181529518	0.2289970176
0.8000000000	−0.6697113266	0.7719917959
0.9000000000	−0.5564429025	1.5347814762
1.0000000000	−0.3533988604	2.5787663372

编程计算习题 8

8.1 模最大的特征值：25.00921711；对应的特征向量：(−0.05763979, 0.59546566, 0.19279011, 1.00000000)；共迭代 65 次.

8.2 模最小的特征值：3.407281；对应的特征向量：(−0.824864, 1.00000000, −0.712237, 0.061269)；共迭代 262 次.

8.3 最接近 200 的特征值：25.00921720；对应的特征向量：(−0.05763976，0.59546568，19279011，1.00000000)；共迭代 155 次.

8.4 实对称矩阵 $\boldsymbol{A}$ 的全部特征值为：(6.99483783, 9.36555492, 1.65526621, 15.80892076, 19.17542028).

对应的特征向量为如下各列：

0.65408298	−0.05215112	−0.38729688	0.62370250	0.17450511
0.19968127	0.85996387	0.36622102	0.15910112	−0.24730252

0.25651046	−0.50557507	0.70437726	0.22729750	−0.36164174
−0.66040272	−0.00020117	−0.11892622	0.69268439	−0.26441085
−0.17427986	0.04621920	0.45342311	0.23282228	0.84124407

共施行了 m=: 32 次正交相似变换.

8.5 矩阵 ***A*** 的全部特征值: (19.17542028, 15.80892076, 9.36555492, 6.99483783, 1.65526621).

8.6 实对称矩阵 ***A*** 的全部特征值为: (37.36447777, 17.78213308, −15.42739287+7.00547894i, −15.42739287−7.00547894i, −3.29182511).

其中实特征值 37.36447777，17.78213308，−3.29182511 对应的特征向量分别为

(0.01971081, 0.41874786, 0.87370755, 1.00000000,0.26077268);

(−0.44192659, −0.37863749, −0.58377782, 1.00000000, −0.84228277);

(0.29622968, −0.60722048, −0.83219416, 1.00000000, 0.12505348).

8.7（1）上 Hessenberg 矩阵 ***B*** 及对应的正交矩阵 ***P***:

B =

3.0000	−0.8835	−2.9410	−2.6572	1.0508	−9.0123	6.3390
−12.4499	1.9613	1.1240	0.3724	−1.2722	6.9751	−4.5702
0.0000	8.5053	9.1517	3.1968	−2.0556	8.7907	−10.3743
−0.0000	−0.0000	9.3848	8.7902	4.3932	18.0275	−17.4751
0.0000	−0.0000	−0.0000	1.9167	4.1844	7.8033	−8.0823
−0.0000	−0.0000	−0.0000	0.0000	5.0311	7.8813	−4.8421
0.0000	−0.0000	−0.0000	−0.0000	−0.0000	−0.9320	0.0311

P =

1.0000	0	0	0	0	0	0
0	−0.8835	0.1849	−0.2959	0.2935	0.0011	0.1070
0	−0.1606	−0.9168	0.1737	0.1819	0.1189	0.2373
0	0.3213	−0.1874	−0.9118	0.1327	−0.0652	0.0919
0	0.0803	0.2081	0.0550	−0.1825	0.0043	0.9560
0	−0.2410	−0.2089	−0.0976	−0.6701	−0.6610	−0.0536
0	0.1606	0.0574	0.1959	0.6171	−0.7380	0.0839

（2）正交矩阵 ***Q*** 和上三角矩阵 ***R***:

Q =

0.2343	−0.0456	−0.2182	−0.1505	0.3803	−0.8341	0.1801

−0.9722	−0.0110	−0.0526	−0.0363	0.0916	−0.2010	0.0434
0	0.9989	−0.0105	−0.0073	0.0184	−0.0403	0.0087
0	0	0.9744	−0.0357	0.0903	−0.1980	0.0428
0	0	0	0.9873	0.0647	−0.1420	0.0307
0	0	0	0	0.9134	0.3979	−0.0859
0	0	0	0	0	−0.2111	−0.9775

R =

12.8062	−2.1137	−1.7817	−0.9845	1.4829	−8.8923	5.9281
0.0000	8.5147	9.2634	3.3104	−2.0873	9.1154	−10.6018
0.0000	0	9.6310	9.0920	4.1402	19.0735	−18.0617
−0.0000	−0.0000	0	1.9413	3.8772	8.0992	−8.0679
0.0000	−0.0000	−0.0000	−0.0000	5.5082	6.7047	−4.7223
−0.0000	−0.0000	−0.0000	0.0000	0	4.4162	−1.2762
0.0000	−0.0000	−0.0000	−0.0000	−0.0000	0	0.2437

（3）分块上三角矩阵 ***D***

D =

18.4123	−13.3649	0.4745	−16.6076	−11.4513	7.1754	−20.4442
−0.0000	11.1805	−3.9435	4.8575	0.6875	2.0843	4.7258
0.0000	0.0000	2.1229	−3.4009	9.6649	4.2946	−3.3501
−0.0000	0.0000	5.3667	1.2970	−2.1550	−2.8866	2.2137
0.0000	−0.0000	0.0000	0.0000	4.4983	0.1346	−2.7212
−0.0000	0.0000	−0.0000	0.0000	0.0000	−2.2327	1.7913
0.0000	−0.0000	−0.0000	−0.0000	−0.0000	−0.0000	−0.2783

共迭代 991 次.

（4）矩阵 ***A*** 的全部特征值为：(18.41231854, 11.18051966, 1.70992820+ 4.25219685i, 1.70992820−4.25219685i, 4.49831917, −2.23266683, −0.27834693).

附录 B　Matlab 数据文件操作基本方法

Matlab 数据文件操作指将磁盘文件中的数据读入到 Matlab 的工作区或将工作区中的数据作为文件写入到指定的磁盘. 科学与工程计算中许多问题的解决都要涉及数据文件的操作，Matlab 提供了功能强大的数据输入和输出函数，以下仅就最基本的数据读入与写出方法作简单介绍.

1. 文件的打开与关闭

1）打开文件

对一个数据文件进行操作前，必须先打开该文件，使系统为此文件分配一个输入输出缓冲区. Matlab 中用 fopen 函数打开文件，调用格式为：

```
fileid = fopen('文件名', '使用方式参数')
```

其中 fileid 为文件识别号，若成功打开指定的文件，fileid 返回一个正整数，用于识别该文件；若未能成功打开文件，则 fileid = -1. '文件名'项指定要打开的文件的路径与文件名，其中的一对单撇号不能省略. '使用方式参数' 规定要对指定的文件进行的具体操作，由一对单撇号内的如下参数决定：

（1）r：以只读方式打开一个已存在的磁盘文件，以便系统向工作区读入数据. 这也是 Matlab 默认的文件打开方式.

（2）w：以写出方式打开一个磁盘文件. 若指定的磁盘文件已存在，就将工作区中的数据存储到该文件；若指定的磁盘文件不存在，则先创建该磁盘文件，然后将工作区的数据存储到创建的文件.

（3）a：以追加方式打开一个磁盘文件. 若指定的磁盘文件已存在，就将工作区中的数据追加到该文件的末尾；若指定的磁盘文件不存在，则先创建该磁盘文件，然后将工作区的数据存储到创建的文件.

fopen 函数默认打开二进制文件，如果要打开的不是二进制文件，而是文本文件，则需要在文件使用方式参数后加参数 t，如 rt，wt 等.

下面的例子以只读方式打开 D:盘上 Mymat 文件夹下的子文件夹 Data 中已存在的文本文件 Data1.txt，文件识别号为 3：

```
>> f1=fopen(' D:\Mymat\Data\Data1.txt', 'rt')
f1 =
```

```
 3
```

下面的例子以写出方式在当前文件夹下打开文本文件 Data2.txt，供系统将工作区的数据写出到文件 Data2.txt，文件识别号为 5.

```
>> f2=fopen('Data2.txt', 'wt')
f2 =
  5
```

下面的例子以只读方式打开当前文件夹下的文本文件 Data3.txt，供系统从该文本文件向工作区读入数据，但由于当前文件夹下不存在文件 Data3.txt，打开文件操作未成功.

```
>> f3=fopen('Data3.txt', 'rt')
f3 =
  -1
```

2）关闭文件

对一个或一组文件的操作结束后，需要关闭这个或这组文件，以便系统及时释放缓冲区. Matlab 中关闭文件的函数为 fclose.

如果要将已打开的指定文件关闭，调用格式为

```
status=fclose(fileid)
```

其中 status 为状态标识符，用于表示文件识别号 fileid 代表的文件的状态. 若文件成功关闭，status 返回 0；若未能关闭，则 status 返回−1.

如果要将已打开的所有文件全部关闭，命令格式如下：

```
fclose('all').
```

2. 数据的读入与写出

1）数据读入

fscanf 函数用于读取一个已建立并已打开的文本文件中的数据，并将数据按照指定的格式存入到一个矩阵，其调用格式如下：

```
[A, count]=fscanf(fileID, '数据格式描述符', size)
```

其中矩阵 A 用于存放从 fileid 识别的文本文件中读取的数据；count 返回成功读取的数据的个数；size 为可选项，指定读取数据的数目，通常可取值 inf、N 或[m, n]，分别表示读取文件中的全部元素、N 个以及 m×n 个元素，读取的元素在矩阵

A 中按列存放；'数据格式描述符' 控制读取数据的格式. 由一对单撇号内的参数决定. 常用的数据格式描述符如表 B1.

表 B1　常用的数据格式描述符

参数	含义	参数	含义
%d	十进制整数	%f	十进制浮点数
%u	无符号十进制整数	%e	指数形式的实数
%c	字符	%s	不含空格的字符串

数据格式描述符一定要放在一对撇号内，%后还可加入由小数点分隔的两个整数 m 与 n，分别控制数据总宽度和小数部分的位数. 如'%12.8f'控制读取浮点型数据，包含小数点共取 12 个字符，其中小数部分占 8 位.

例 1　已知 D:盘 Mymat 文件夹下的文件 Data1.txt 中存放的数据如下：

```
11.34   22.45   33.56
4.234   5.345   6.456
```

将 Data1.txt 中的数据按照原来的排列顺序读入到 2×3 矩阵 A.

```
>>f1=fopen('D:\Mymat\Data1.txt', 'rt');
>>[B, c]=fscanf(f1, '%f', [3,2])
B =
11.3400    4.2340
   22.4500    5.3450
   33.5600    6.4560
c =
     6
>>A=B'
   11.3400   22.4500   33.5600
    4.2340    5.3450    6.4560
>>fclose(f1)
```

2）数据写出

fprintf 函数用于将工作区中的数据按照指定的格式写到一个已打开的文本文件中，其调用格式如下：

```
count=fprintf(fileid, '数据格式描述符', A)
```

其中 count 返回成功输出的字节数，矩阵 A 存放要写到由 fileid 识别的文本文件中的数据. 如果未指定 fileid，则将矩阵 A 的数据输出到屏幕.

例 2　求 11 到 16 六个自然数的倒数与立方根，并将计算结果先显示在屏幕上，然后写到 D:盘 Mymat 文件夹下的文件 Data2.txt.

Matlab 程序 Ex2.m 如下：

```
x=11:16;
A=[x; 1./x; x.^(1/3)];
f2=fopen('D:\Mymat\Data2.txt', 'wt');
fprintf('%8d   %8.6f   %12.8f \n', A)
c=fprintf(f2, '%8d   %8.6f   %12.8f \n', A)
fclose(f2);
```

```
>> Ex2↙
      11   0.090909    2.22398009
      12   0.083333    2.28942849
      13   0.076923    2.35133469
      14   0.071429    2.41014226
      15   0.066667    2.46621207
      16   0.062500    2.51984210
c =
   216
>>
```

参 考 文 献

［1］韩旭里. 数值计算方法. 上海：复旦大学出版社，2011.

［2］黄云清，舒适，陈艳萍，金继承. 数值计算方法. 北京：科学出版社，2009.

［3］Kress R. Numerical Analysis. New York：Springer-Verlag, 1998.

［4］李红．数值分析．武汉：华中科技大学出版社，2003.

［5］Leader J J. Numerical Analysis and Scientific Computation. 北京：清华大学出版社, 2008.

［6］李桂成. 计算方法. 3 版. 北京：电子工业出版社，2019.

［7］李庆扬，王能超，易大义. 数值分析. 4 版. 北京：清华大学出版社，2001.

［8］令锋，傅守忠，陈树敏，曲良辉. 数值计算方法. 2 版. 北京：国防工业出版社，2015.

［9］刘卫国. MATLAB 程序设计与应用. 3 版. 北京：高等教育出版社，2017.

［10］马昌凤. 现代数值分析（MATLAB 版）. 北京：国防工业出版社，2016.

［11］Mathews H J，Fink D K. Numerical Methods Using MATLAB. 4th ed. 周璐，陈渝，钱方，等译. 北京：电子工业出版社，2010.

［12］施妙根，顾丽珍. 科学和工程计算基础. 北京：清华大学出版社，1999.

［13］王能超. 数值分析简明教程. 2 版. 北京：高等教育出版社，2003.

［14］徐翠薇，孙绳武. 计算方法引论. 3 版. 北京：高等教育出版社，2007.

［15］薛毅. 数值分析与实验. 北京：北京工业大学出版社，2005.

［16］郑咸义，姚仰新，雷秀仁，陆子强. 应用数值分析. 广州：华南理工大学出版社，2008.